建筑电气工程设计分项突破系列

电气工程制图

姜海 编著

中国电力出版社
CHINA ELECTRIC POWER PRESS

内 容 提 要

本书共七章，内容主要包括电气工程制图基础、投影基本知识、机件的表示法、零件图、装配图、电气工程制图、计算机绘图。本书内容翔实，参考最新国家标准，针对性强，可为初学者提供系统性的理论知识与专业技能，循序渐进，深入浅出，使读者能快速了解和掌握电气制图的相关知识。

本书可作为本专科院校相关专业的教材，也可供对电气工程感兴趣的相关人员参考。

图书在版编目（CIP）数据

电气工程制图/姜海编著. —北京：中国电力出版社，2015.12

（建筑电气工程设计分项突破系列）

ISBN 978-7-5123-8411-8

Ⅰ.①电… Ⅱ.①姜… Ⅲ.①电气制图 Ⅳ.①TM02

中国版本图书馆CIP数据核字（2015）第240662号

中国电力出版社出版、发行

（北京市东城区北京站西街19号 100005 http://www.cepp.sgcc.com.cn）

汇鑫印务有限公司印刷

各地新华书店经售

*

2015年12月第一版 2015年12月北京第一次印刷

850毫米×1168毫米 32开本 5.875印张 150千字

印数0001—3000册 定价**28.00**元

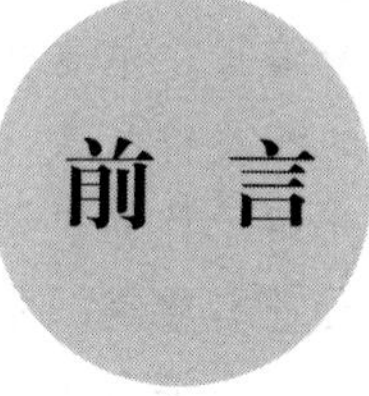

前言

随着我国国民经济的发展，建筑工程已经成为当今最具活力的一个行业，民用、工业及公共建筑如雨后春笋般在全国各地拔地而起。伴随着建筑施工技术的不断发展和成熟，对建筑产品的品质、功能等方面有了更高的要求。建筑工程队伍的规模也日益扩大，大批从事建筑行业的人员迫切需要提高自身专业素质。

本书是“建筑电气工程设计分项突破”系列丛书之一，全面、细致地介绍了建筑电气工程制图的基础知识和专业技术及表达方式。

本书内容的编写，由浅及深，循序渐进，适合不同层次的读者。在表达上简明易懂、灵活新颖，避免了枯燥乏味的讲述，让读者一目了然。

本套丛书共有四本分册：《电气工程制图》、《动力和照明系统设计》、《弱电系统设计》、《变配电系统设计》。

本书参考国家最新标准，针对性强，内容主要包括电气工程制图基础、投影基本知识、机件的表示法、零件图、装配图、电气工程制图、计算机绘图。

本书由姜海担任主编，具体编写分工如下。第一章主要由姜海编写，主要介绍了电气工程制图的基本知识及规定；第二章主要由常雪、王红、罗艳编写，主要介绍了有关投影的基本类型和投影特性；第三章由杨承清、刘东亮编写，主要介绍了常见机件的表示法；第四章由王忠升、张跃、罗艳编写，主要介绍了零件的表示和标注；第五章、第六章主要由江超、魏文彪编写，主要介绍了装配图相关知识和表达方案，电气工程图的相关符号表示；第七章由刘海明、张灵彦、罗艳编写，主要介绍了计算机绘图的常用工具及常见问题处理。参加编写的人员还有梁燕、张正南、陈佳思、王文慧。

在编写本书的过程中，参考了大量的文献资料。为了编写方便，对于所引用的文献资料并未一一注明，谨在此向原作者表示诚挚的敬意和谢意。

由于编者水平有限，疏漏之处在所难免，恳请广大同仁及读者批评指正。

编　者

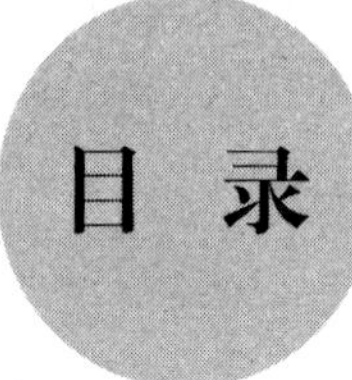

目 录

第一章

电气工程制图基础

第一节　电气工程制图的基本知识

一、幅面

图纸本身的大小规格称为图纸的幅面，简称图幅。图纸一般有 5 种标准图幅：A0 号、A1 号、A2 号、A3 号和 A4 号，具体尺寸见表 1-1。图纸可以根据需要加长：A0 号图纸以长边的 1/8 为最小加长单位，最多可加长到标准图幅长度的 2 倍；A1、A2 号图纸以长边的 1/4 为最小加长单位，A1 号图纸最多可加长到标准图幅长度的 2.5 倍，A2 号图纸最多可加长到标准图幅长度的 5.5 倍；A3、A4 号图纸以长边的 1/2 为最小加长单位，A3 号图纸最多可加长到标准图幅长度的 4.5 倍，A4 号图纸最多可加长到标准图幅长度的 2 倍。

表 1-1　　　　图纸幅面尺寸　　　　(mm)

幅面代号 / 尺寸代号	A0	A1	A2	A3	A4
$b \times l$	841×1189	594×841	420×594	297×420	210×297
c	10				5
a	25				

注　表示 b 为幅面短边尺寸，l 为幅面长边尺寸，c 为图框线与幅面线间宽度，a 为图框线与装订边间宽度。

二、幅面代号的意义

图纸以短边作为垂直边称为横式，如图 1-1（a）所示；以短边作为水平边称为立式，如图 1-1（b）、（c）所示。一般 A0～A3 图纸宜横式使用，必要时也可立式使用；而 A4 图纸只能立式使用。

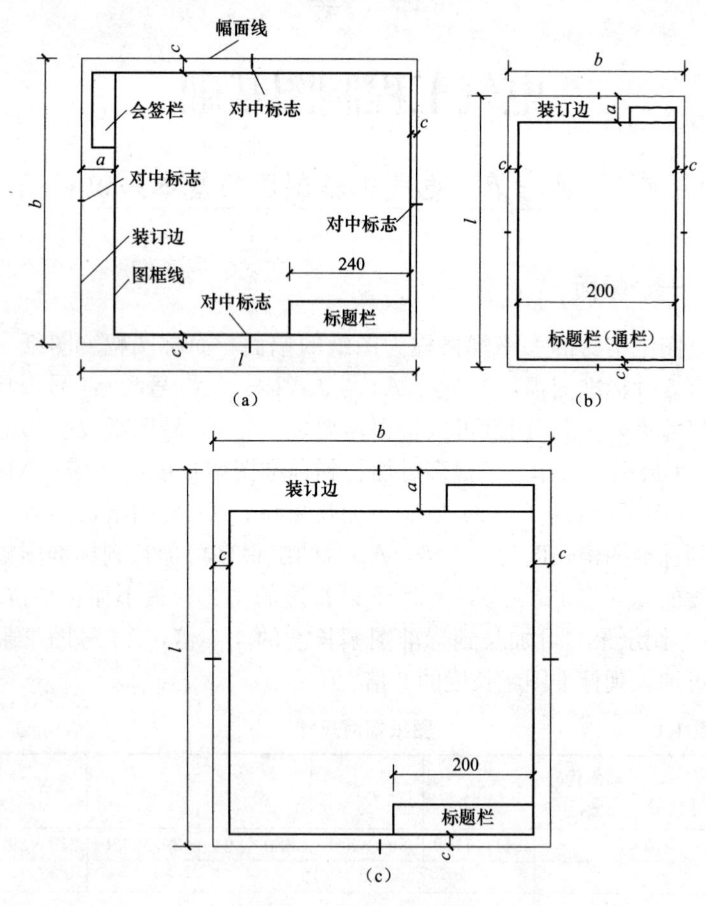

图 1-1　幅面代号的意义

（a）A0～A3 横式幅面；（b）A0～A3 立式幅面；（c）A4 立式幅面

一个工程设计中，每个专业所使用的图纸，一般不宜多于两种幅面，不含目录及表格所采用的 A4 幅面。

三、标题栏与会签栏

1. 标题栏

标题栏是用以标注图纸名称、图号、比例、张次、日期及有关人员签名等内容的栏目。其位置一般在图纸的右下角，有时也设在下方或右侧。标题栏中的文字方向为看图方向，即图中的说明、符号等均应与标题栏的文字方向一致。如图 1-2 所示，标题栏应根据工程需要选择确定其尺寸、格式及分区。

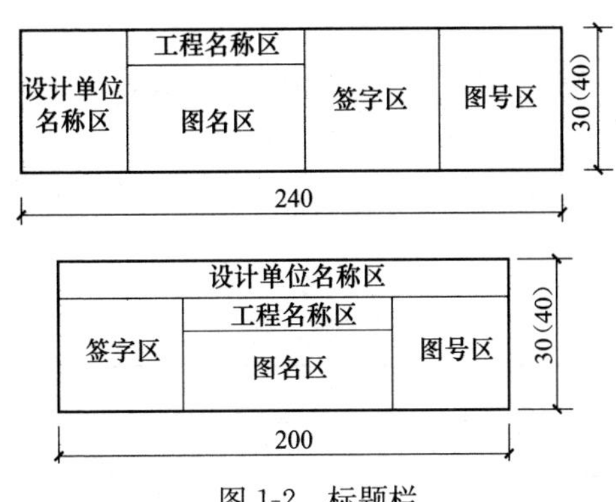

图 1-2 标题栏

2. 会签栏

会签栏应画在图纸左上角的图框线外，其尺寸应为 100mm×20mm，按如图 1-3 所示的格式绘制。栏内应填写会签人员所

（专业）	（实名）	（签字）	（日期）

25 25 25 25
100
5 5 5 5 20

图 1-3 会签栏

代表的专业、姓名、日期（年、月、日）。一个会签栏不够时，可另加一个或两个会签栏并列，不需会签的图纸可不设会签栏。

第二节　工程制图的规定

一、图线及画法

1. 线宽与线型

画在图纸上的线条统称为图线。为使图样层次清楚、主次分明，需用不同的线宽、线型来表示。国家制图标准对此做了明确规定。

（1）图线的宽度 b 宜从下列线宽系列中选取：2.0mm、1.4mm、1.0mm、0.7mm、0.5mm、0.35mm。每个图纸，应根据复杂程度与比例大小，先选定基本线宽 b，再选用相应线宽组，见表 1-2。

表 1-2　　线宽组　　（单位：mm）

线宽比	线宽粗					
b	2.0	1.4	1.0	0.7	0.5	0.35
$0.5b$	1.0	0.7	0.5	0.35	0.25	0.18
$0.25b$	0.5	0.35	0.25	0.15	—	—

（2）绘制工程图样时，各种线型、线宽的选择见表 1-3。

表 1-3　　图线

名称		线型	线宽	一般用途
实线	粗	——————	b	主要可见轮廓线
	中	——————	$0.5b$	可见轮廓线
	细	——————	$0.25b$	可见轮廓线、图例线
虚线	粗	— — — — — — —	b	见各有关专业制图标准
	中	— — — — — — —	$0.5b$	不可见轮廓线
	细	— — — — — — —	$0.25b$	不可见轮廓线、图例线

续表

名称		线型	线宽	一般用途
单点长画线	粗		b	见各有关专业制图标准
	中		$0.5b$	见各有关专业制图标准
	细		$0.25b$	中心线、对称线等
双点长画线	粗		b	见各有关专业制图标准
	中		$0.5b$	见各有关专业制图标准
	细		$0.25b$	假想轮廓线、成型前原始轮廓线
折断线			$0.25b$	断开界线
波浪线			$0.25b$	断开界线

（3）图框线和标题栏线，可采用表 1-4 所示的线宽。

表 1-4　　图框线、标题栏线的线宽　　（单位：mm）

幅面代号	图框线	标题栏外框线	标题栏分格线、会签栏线
A0、A1	1.4	0.7	0.35
A2、A3、A4	1.0	0.7	0.35

2. 图线画法

（1）相互平行的图线，其间隙不宜小于其中的粗线宽度，且不宜小于 0.7mm；虚线、单点长画线或双点长画线的线段长度和间隔，宜各自相等，如图 1-4（a）所示。

（2）点画线与点画线或点画线与其他图线交接时，应是线段交接，如图 1-4（b）所示。

（3）单点长画线或双点长画线，当在较小图形中绘制有困难时，可用实线代替；单点长画线或双点长画线的两端，不应是点，如图 1-4（c）所示。

（4）虚线与虚线交接或虚线与其他图线交接时，应是线段交接。虚线为实线的延长线时，不得与实线连接。其正确画法和错误画法如图 1-4（d）所示。

在同一张图纸内，相同比例的各个图纸，应采用相同的线宽组。图线不得与文字、数字或符号重叠、混淆，不可避免时，应首先保证文字等的清晰（可断开图线）。

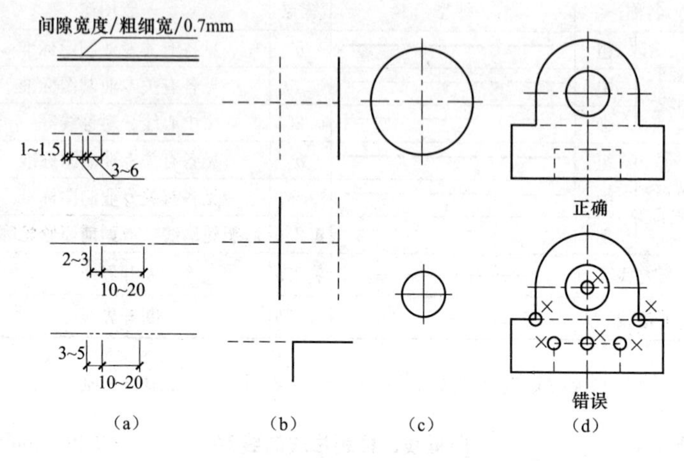

图 1-4 图线的有关画法

(a) 线的画法；(b) 交接；(c) 圆的中心线画法；(d) 虚线交接的画法

二、字体

(1) 图纸上注写的文字、数字或符号等，均应笔画清晰、字体端正、排列整齐；标点符号应清楚、正确。

(2) 文字的字高参考表 1-5。字高大于 10mm 时宜采用 True Type 字体，当书写更大字时，其高度应按$\sqrt{2}$的倍数递增。

表 1-5　文字的字高

字体种类	中文矢量字体	True Type 字体及非中文矢量字体
字高/mm	3.5、5、7、10、14、20	3、4、6、8、10、14、20

(3) 图样及说明中的汉字宜采用仿宋体或黑体，同一图样的字体种类不应超过两种。大标题、图册封面、地形图等的汉字，也可书写成其他字体，但应易于辨认。

(4) 汉字的简化字注写应符合国家有关汉字简化方案的规定。

（5）图纸及说明中的拉丁字母、阿拉伯数字与罗马数字宜采用单线简体或Roman字体，拉丁字母、阿拉伯数字与罗马数字的字高，不应小于2.5mm。

（6）数量的数值注写，应用正体阿拉伯数字。各种计量单位，凡前面有量值的，均应用国家颁布的单位符号注写。单位符号应用正体字母书写。

（7）分数、百分数和比例数应用阿拉伯数字和数学符号注写。

（8）当注写的数字小于1时，应写出各位的“0”，小数点应采用圆点，对齐基准线注写。

（9）长仿宋体汉字、拉丁字母、阿拉伯数字与罗马数字示例，应符合《技术制图——字体》（GB/T 14691—2005）的有关规定。

三、绘图比例

大部分电气图都是采用不按比例的图形符号绘制的，但施工平面图、电气构建详图一般是按比例绘制的，比例的绘制应遵循以下要求：

（1）图样的比例，应为图形与实物相对应的线性尺寸之比。

（2）比例的符号应为“:”，比例应以阿拉伯数字表示。

（3）比例宜注写在图名的右侧，字的基准线应取平；比例的字高宜比图名的字高小一号，如图1-5所示。

平面图 1:100　　⑥ 1:20

图1-5　比例的注写

（4）总平面图、电气平面图的制图比例，宜与工程项目设计的主导专业一致，采用的比例宜从表1-6中选用，并应优先采用表中常用比例。

表1-6　　电气总平面图、电气平面图的制图比例

序号	图名	常用比例	可用比例
1	电气总平面图、规划图	1∶500、1∶1000、1∶2000	1∶300、1∶5000
2	电气平面图	1∶50、1∶100、1∶150	1∶200

续表

序号	图名	常用比例	可用比例
3	电气竖井、设备间、电信间、变配电室等平、剖面图	1∶20、1∶50、1∶100	1∶25、1∶150
4	电气详图、电气大样图	10∶1、5∶1、2∶1、1∶1、1∶2、1∶5、1∶10、1∶20	4∶1、1∶25、1∶50

图样应选用一个比例，但根据专业制图需要，同一图样可选两种比例。特殊情况下也可自选比例，这时除应注出绘图比例外，还应在适当位置绘制出相应比例尺。

四、尺寸标注及标高

图样有形状和大小双重含义，建筑工程施工是根据图样上的尺寸进行的，因此，尺寸标注在整个图样绘制中占有重要的地位，必须认真仔细，准确无误。

图样上标注的尺寸是由尺寸界线、尺寸线、尺寸起止符号和尺寸数字四部分组成的，故常称其为尺寸的四大要素，如图 1-6 所示。

(1) 尺寸界线。用细实线绘制，一般应与被注长度垂直，其一端应离开图样轮廓线不小于 2mm，另一端宜超出尺寸线 2～3mm。必要时，可利用图样轮廓线、中心线及轴线作为尺寸界线，如图 1-7 所示。

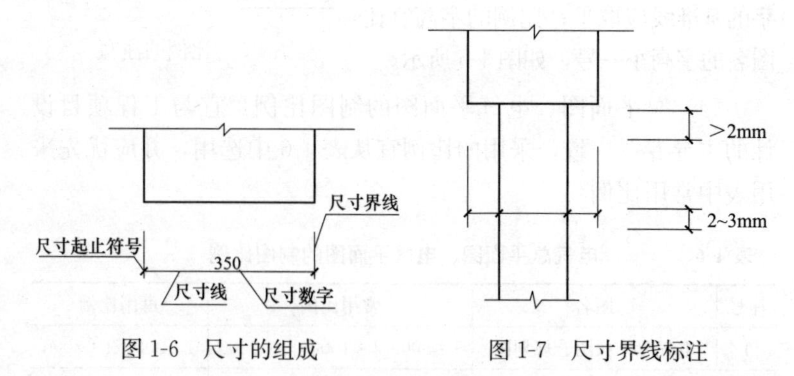

图 1-6 尺寸的组成

图 1-7 尺寸界线标注

总尺寸的尺寸界线应靠近所指部位，中间分尺寸的尺寸界线可稍短，但其长度应相等，如图 1-8 所示。

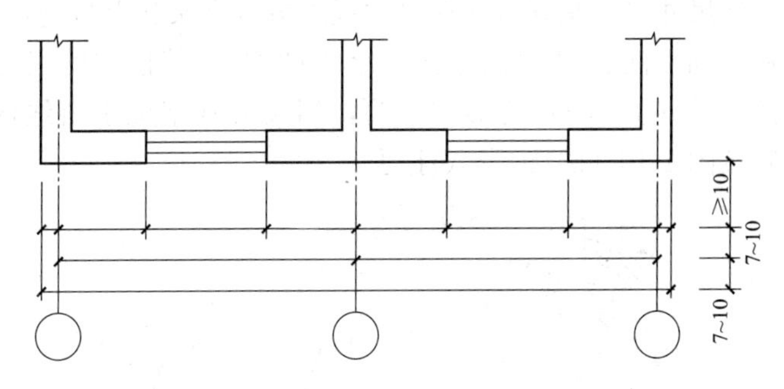

图 1-8 尺寸的排列

（2）尺寸线。应用细实线绘制，应与被注长度平行且不超出尺寸界线。相互平行的尺寸线，应从被注写的图样轮廓线外由近向远整齐排列，较小尺寸靠近图样轮廓标注，较大尺寸标注在较小尺寸的外面。图样轮廓线以外的尺寸线，距图样最外轮廓之间的距离不宜小于 10mm。平行排列的尺寸线的间距宜为 7～10mm，并应保持一致，如图 1-8 所示。

本身的任何图线均不得用作尺寸线。

（3）起止符号。一般用中粗斜短线绘制，其倾斜方向应与尺寸界线成顺时针 45°角，长度宜为 2～3mm，两端伸出长度各为一半，如图 1-9（a）所示。半径、直径、角度与弧长的尺寸起止符号，宜用箭头表示，如图 1-9（b）所示。当相邻尺寸界线间隔很小时，尺寸起止符号用小圆点表示。

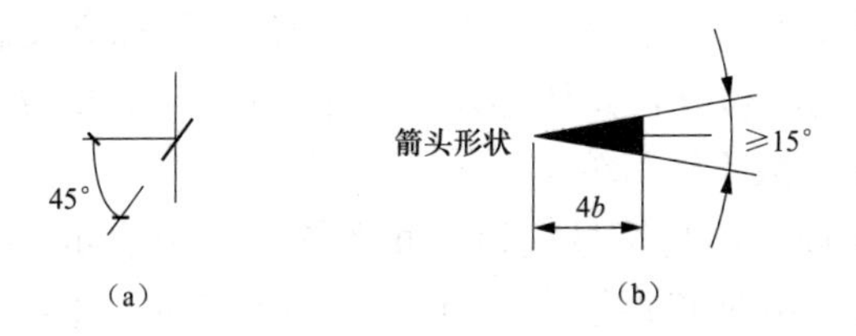

图 1-9 尺寸起止符号注写法

（a）一般起止符号的标注；（b）特殊起止符号的标注

（4）尺寸数字。应靠近尺寸线，平行标注在尺寸线中央位置。水平尺寸要从左到右注在尺寸线上方（字头朝上），竖直尺寸要从下到上注在尺寸线左侧（字头朝左）。其他方的尺寸数字，按如图 1-10（a）的形式注写，当尺寸数字位于斜线区内时，宜按图 1-10（b）的形式注写。

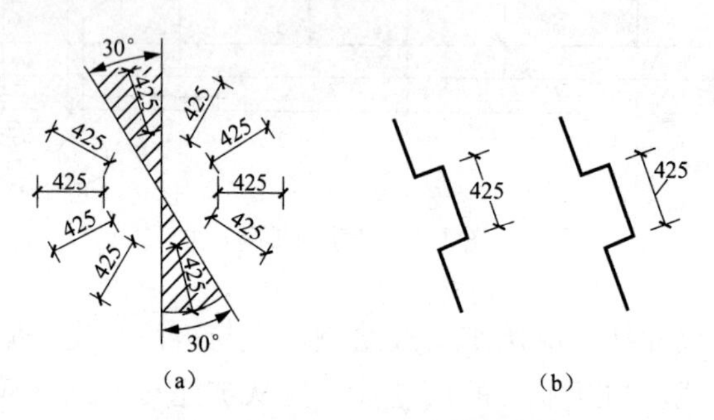

图 1-10　尺寸数字的注写方向

（a）在 30°斜线区内注写尺寸数字是严禁的；

（b）在 30°斜线区内注写尺寸数字的形式

（5）若没有足够的注写位置，最外边的尺寸数字可注写在尺寸界线的外侧，中间相邻的尺寸数字可错开注写，或用引出线引出后再进行标注，不能缩小数字大小，如图 1-11（a）所示。尺寸宜标注在图样轮廓以外，不宜与图线、文字及符号等相交。不可避免时，应将数字处的图线断开，如图 1-11（b）所示。

图样上的尺寸一律用阿拉伯数字注写。它是以所绘形体的实际大小标注的，与所选绘图比例无关，应以尺寸数字为准，不得从图上直接量取。图样上的尺寸单位，除标高及总平面图以米（m）为单位外，其他必须以毫米（mm）为单位，图样上的尺寸数字一般不注写单位。

（6）标高。标高符号应以直角等腰三角形表示，按图 1-12（a）所示形式用细实线绘制，当标注位置不够时，也可按图 1-12（b）所示形式绘制。标高符号的具体画法应符合图 1-12（c）、（d）的规定。

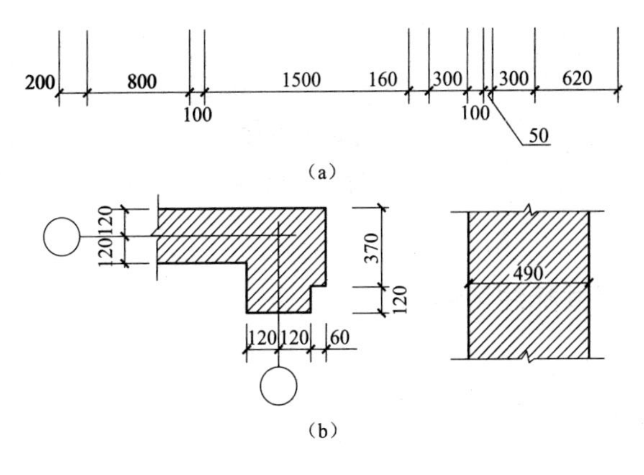

图 1-11　尺寸数字注写的位置

（a）尺寸位置较小时尺寸数字的标注；（b）图纸的尺寸数字标注

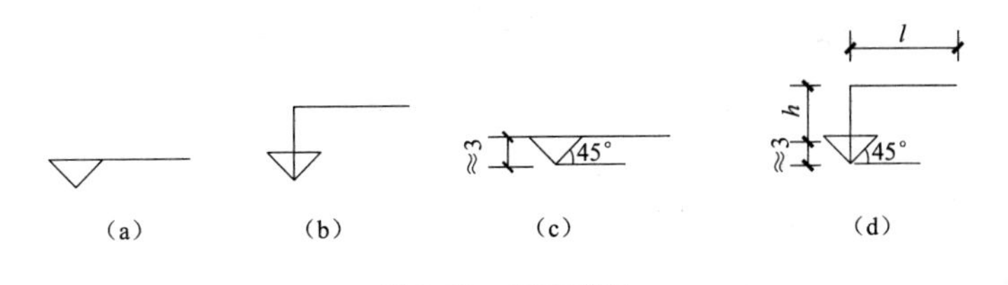

图 1-12　标高符号

（a）样式一；（b）样式二；（c）样式三；（d）样式四

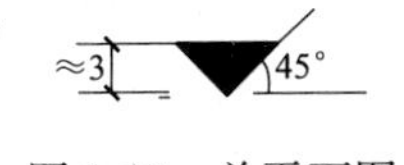

图 1-13　总平面图室外地坪标高符号

总平面图室外地坪标高符号，宜用涂黑的三角形表示，具体画法应符合相关规定，如图 1-13 所示。

标高符号的尖端应指至被注高度的位置。尖端可向下，也可向上。标高数字应注写在标高符号的上侧或下侧，如图 1-14 所示。

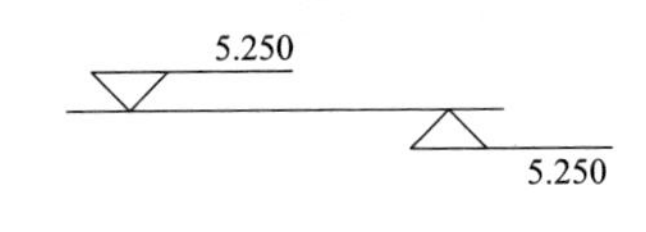

图 1-14　标高的指向

标高数字应以“m”为单位，注写到小数点后第三位。在总平面图中，可注写到小数点后第二位。

零点标高应注写成±0.000，正

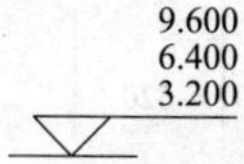

9.600
6.400
3.200

图 1-15 同一位置多个标高的标注

数标高不标注“+”，负数标高应标注“−”，如 3.000、−0.600。

在图样的同一位置需表示几个不同标高时，标高数字可按图 1-15 的形式注写。

五、尺寸标注示例

国家标准规定的一些尺寸标注。

（1）半径、直径、球的标注如图 1-16 所示。

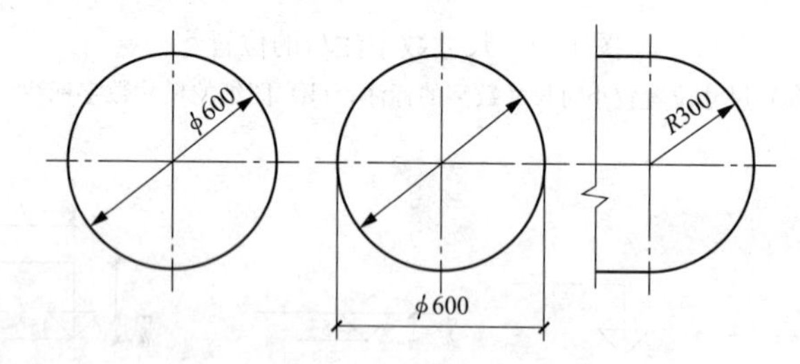

图 1-16 半径、直径、球的标注

半径的尺寸线应一端从圆心开始，另一端画箭头指向圆弧。半径数字前应加注半径符号“*R*”。

标注圆的直径尺寸时，直径数字前应加直径符号“*ϕ*”。

在圆内标注的尺寸线应通过圆心，两端画箭头指至圆弧。

（2）角度、弦长、弧长的标注如图 1-17 所示。

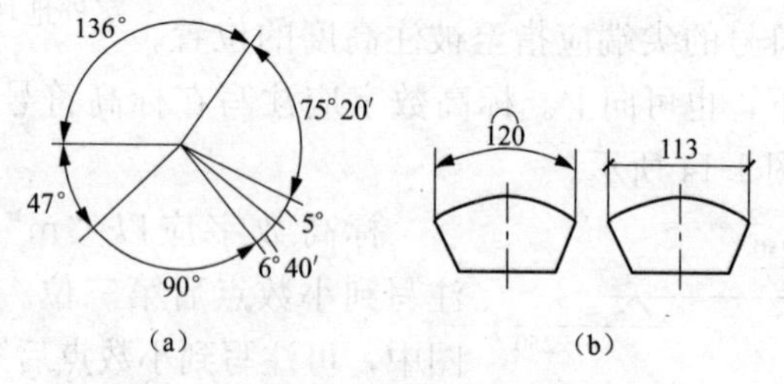

图 1-17 角度、弦长、弧长的标注

（a）角度的标注；（b）弧长、弦长的标注

角度的尺寸线应以圆弧表示。该圆弧的圆心应是该角的顶点，角的两条边为尺寸界线。起止符号应以箭头表示，如没有足够位置画箭头，可用圆点代替，角度数字应按水平方向注写，如图 1-17（a）所示。

标注圆弧的弧长时，尺寸线应以与该圆弧同心的圆弧线表示，尺寸界线应垂直于该圆弧的弦，起止符号用箭头表示，弧长数字上方应加注圆弧符号“⌒”，如图 1-17（b）所示。

标注圆弧的弦长时，尺寸线应以平行于该弦的直线表示，尺寸界线应垂直于该弦，起止符号用中粗斜短线表示，如图 1-17（b）所示。

（3）薄板厚度、正方形、坡度、曲线轮廓的标注如图 1-18～图 1-21 所示。

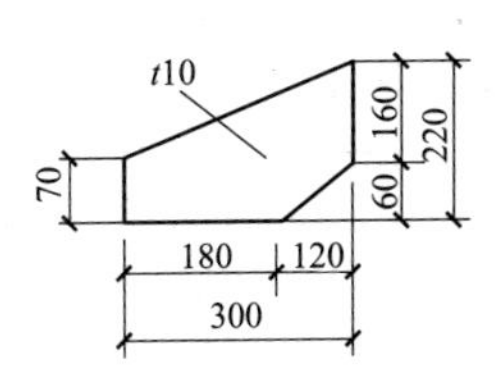

图 1-18　薄板厚度的标注

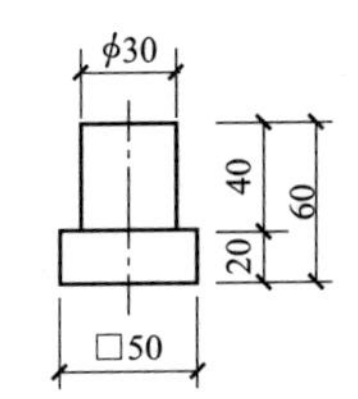

图 1-19　正方形的标注

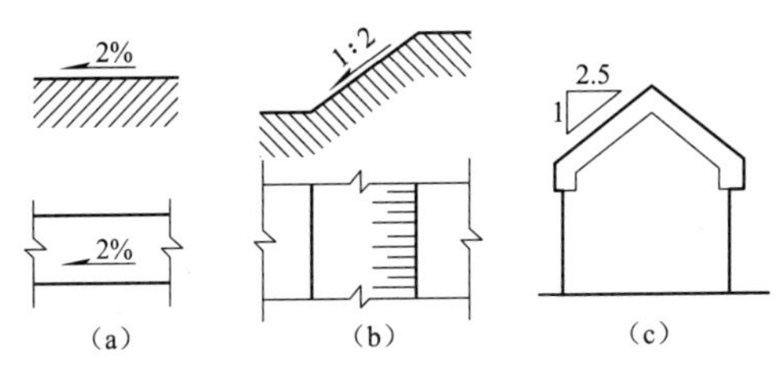

图 1-20　坡度的标注

在薄板板面标注板厚尺寸时，应在厚度数字前加厚度符号“*t*”，如图 1-18 所示。

标注正方形的尺寸时，可用“边长×边长”的形式，也可在边长数字前加正方形符号“□”，如图 1-19 所示。

标注坡度时，在坡度数字下，应加注坡度符号“⇀”如1-20

(a)、(b) 所示，该符号为单面箭头，箭头应指向下坡方向。坡度也可用由斜边构成的直角三角形的对边与底边之比的形式标注，如图 1-20 (c) 所示。

外形为非圆曲线的构件可用坐标形式标注尺寸，如图 1-21 所示。

复杂的图形可用网格形式标注尺寸，如图 1-21 所示。

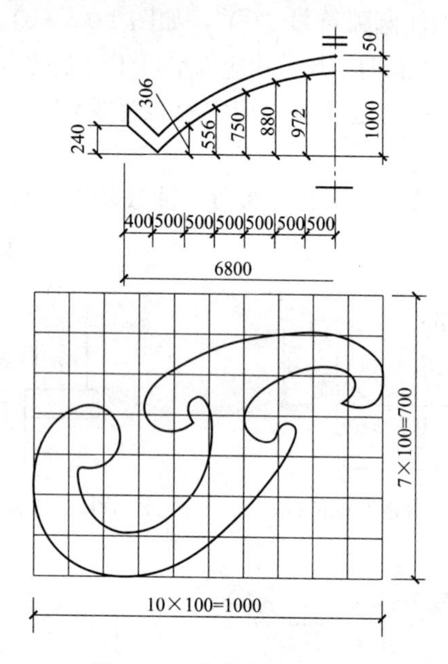

图 1-21　曲线轮廓的标注

六、详图及其索引

(1) 图样中的某一局部构件，如需另见详图，应以索引符号索引如图 1-22 (a) 所示。索引符号是由直径为 8～10mm 的圆和水平直径组成，圆及水平直径应以细实线绘制。索引符号应按下列规定编写。

索引出的详图，如与被索引的详图同在一张图样内，应在索引符号的上半圆中用阿拉伯数字注明该详图的编号，并在下半圆中间画一段水平细实线，如图 1-22（b）所示；如与被索引的详图不在同一张图样内，应在索引符号的上半圆中用阿拉伯数字注明该详图的编号，在索引符号的下半圆中用阿拉伯数字注明该详图所在图样的编号，如图 1-22（c）所示。数字较多时，可加文字标注。

索引出的详图，如采用标准图，应在索引符号水平直径的延长线上加注该标准图集的编号，如图 1-22（d）所示。需要标注比例时，文字在索引符号右侧或延长线下方，与符号下对齐。

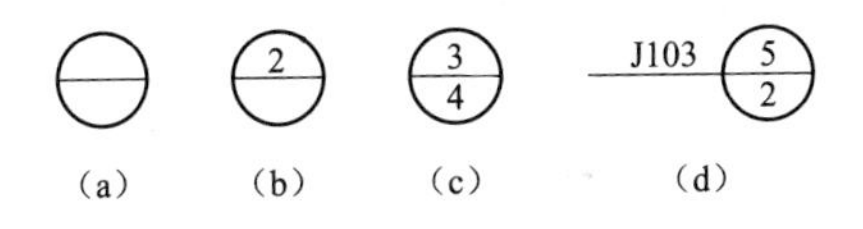

图 1-22　索引符号

（a）某一局部构件另见详图表示；（b）同在一张图样上的详图表示；
（c）不在一张图样上的详图表示；（d）索引图采用标准图时的表示

（2）当索引符号用于索引剖面详图时，应在被剖切的部位绘制剖切位置线，并以引出线引出索引符号，引出线所在的一侧应为剖面方向。索引符号的编写应符合《房屋建筑制图统一标准》（GB/T 50001—2010）第 7.2.1 条的规定，如图 1-23 所示。

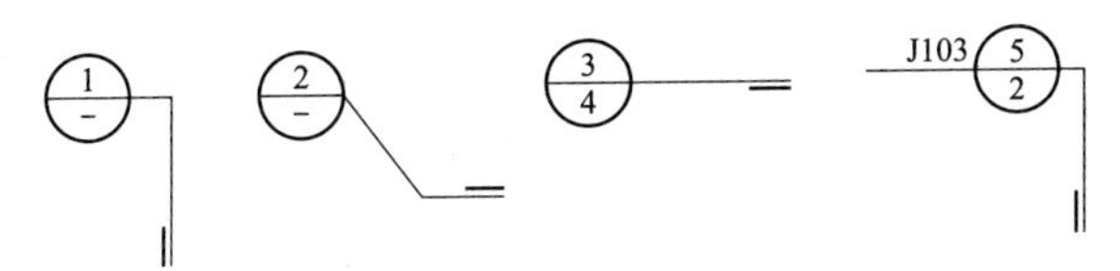

图 1-23　用于索引剖面详图的索引符号

（3）零件、钢筋、杆件、设备等的编号宜采用直径为 5～6mm 的细实线圆表示，同一图样应保持一致，编号应用阿拉伯数字按顺序编写。消火栓、配电箱、管井等的索引符号，宜采用直径 4～6mm 的细实线圆。

七、引出线

（1）引出线应以细实线绘制，宜采用水平方向的直线，与水平方向成 45°、60°和 90°的直线，或经上述角度再折为水平线。文字说明宜注写在水平线的上方，如图 1-24（a）所示；也可注写在水平线的端部，如图 1-24（b）所示；若索引详图出线，应与水平直径线相连接，如图 1-24（c）所示。

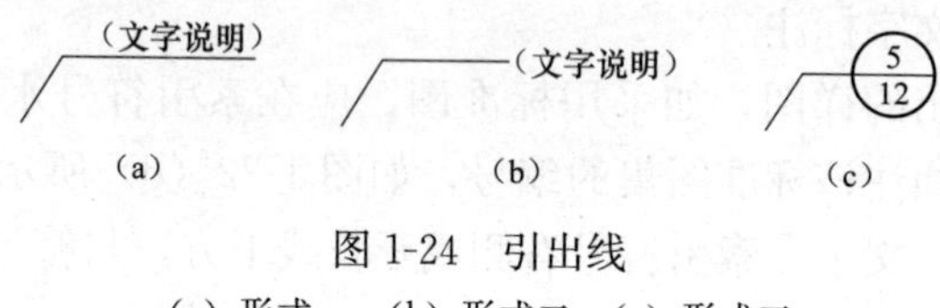

图 1-24 引出线

（a）形式一；（b）形式二；（c）形式三

（2）同时引出的几个相同部分的引出线，宜互相平行，如图 1-25（a）所示，也可画成集中于一点的放射线，如图 1-25（b）所示。

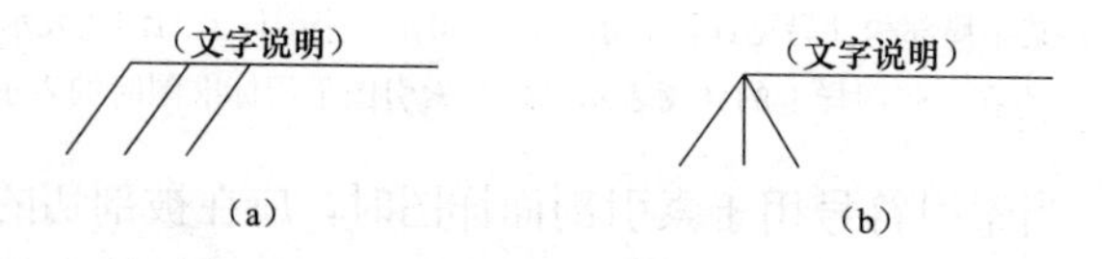

图 1-25 公用引出线

（a）平行型引出线表示；（b）放射型引出线表示

（3）多层构造或多层管道共用引出线，应通过被引出的各层，并用圆点示意对应各层次。文字说明宜注写在水平线的上方，或注写在水平线的端部，说明的内容顺序应由上至下，并应与被说明的层次对应一致；如层次为横向排序，则由上至下的说明顺序应与由左至右的层次对应一致，如图 1-26 所示。

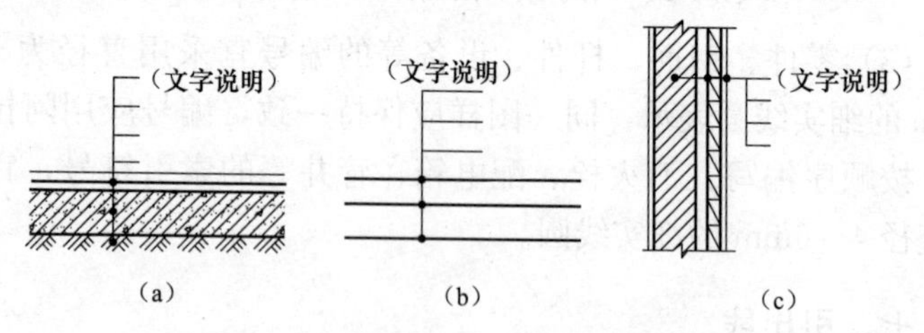

图 1-26 多层共用引出线

（a）多层共用引出线类型一；（b）多层共用引出线类型二；（c）多层共用引出线类型三

八、定位轴线

（1）定位轴线应采用单点画线绘制。

（2）定位轴线应编号，编号应注写在轴线端部的实线圆内。

（3）定位轴线的编号横向为阿拉伯数字，从左至右依次按顺序编写；竖向为大写拉丁字母，从下至上依次按顺序编写，如图 1-27 所示。

（4）定位轴线的编号不允许应用同一个字母的大小写来区分；拉丁字母的 I、O、Z 不得用于轴线编号。

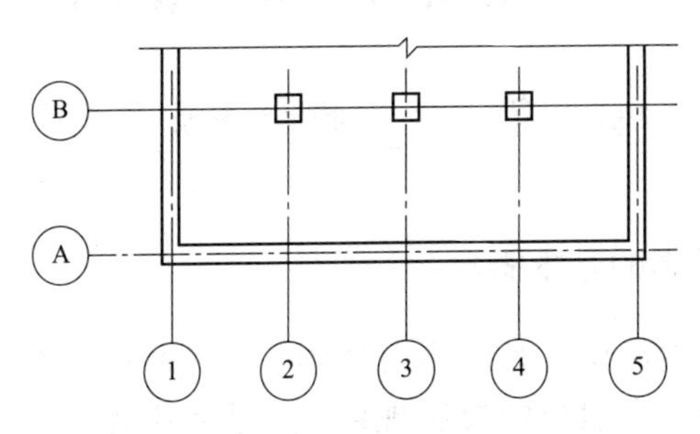

图 1-27　定位轴线的编号顺序

第二章

投影基本知识

第一节 投影法及分类

一、投影的基本概念

在日常生活中，光线照射物体，在地面或墙面上就会出现影子，这就是自然界的投影现象。自然界中无图的影子是灰黑一片的，它只能反映物体外形的轮廓，不能反映物体上的一些变化或内部情况，从而不能清晰地表达工程物体形状、大小的要求。

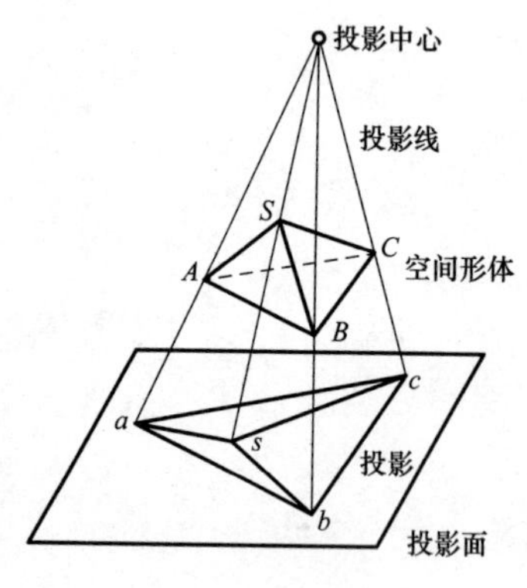

图 2-1 物体的投影

在工程制图上，假设按规定方向射来的光线能够透过物体照射，形成的影子不但能反映物体的外形，同时也能反映物体上部和内部的情况，这样形成的影子就称为投影，如图 2-1 所示。我们把能够产生光线的光源称为投影中心，光线称为投射线，落影平面称为投影面，用投影表达物体形状和大小的方法称为投影法，用投影法画出的物体的图形称为投影图。

二、投影法的分类

1. 中心投影

中心投影是指由一点发出的光线照射物体所形成的投影，如图 2-2 所示。

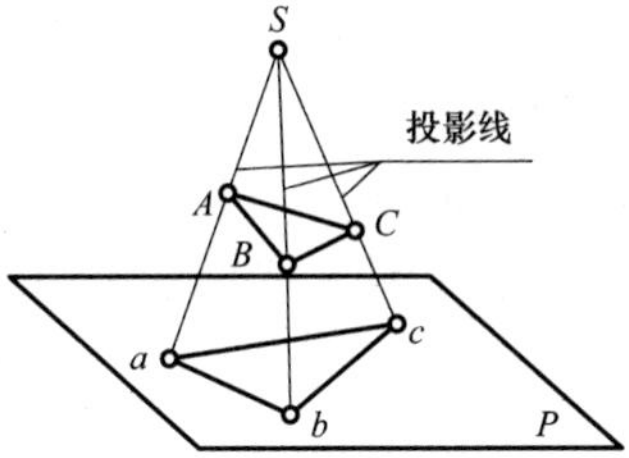

图 2-2 中心投影

2. 平行投影

平行投影是指由一组相互平行的光线照射物体所形成的投影。平行投影又分为正投影和斜投影两种。

（1）正投影指当投射线相互平行且垂直于投影面时形成的投影。在正投影的条件下，若物体的某个面平行于投影面，则该面的正投影反映其实际形状和大小，所以一般工程图样都选用正投影原理绘制，如图 2-3（a）所示。

（2）斜投影指当投射线相互平行且倾斜于投影面时形成的投影，如图 2-3（b）所示。

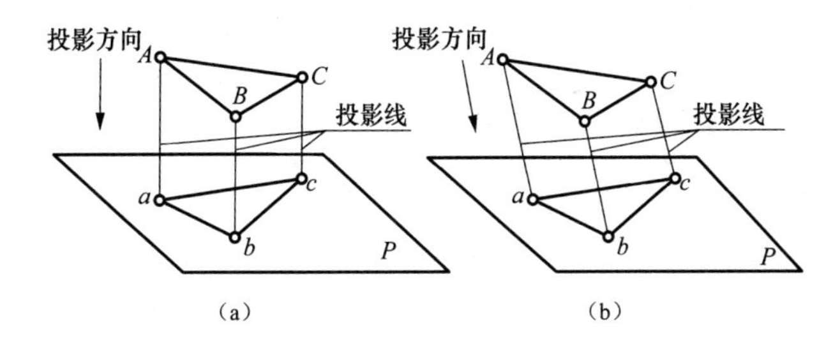

图 2-3 平行投影

（a）正投影图；（b）斜投影图

3. 平行投影的基本性质

（1）显实性。如图 2-4（a）所示，当直线或平面与投影面平行时，它们在该投影面上的投影反映直线的实长或平面的实形。

（2）积聚性。如图 2-4（b）所示，当直线或平面与投影面垂直时，直线的投影积聚为一点，平面的投影积聚为一直线。

（3）类似性。如图 2-4（c）所示，当直线倾斜于投影面时，其投影短于实长；当平面倾斜于投影面时，其投影比实形小。即在这种情况下，直线和平面的投影不反映实长或实形，但仍反映空间直线和平面的类似形状。

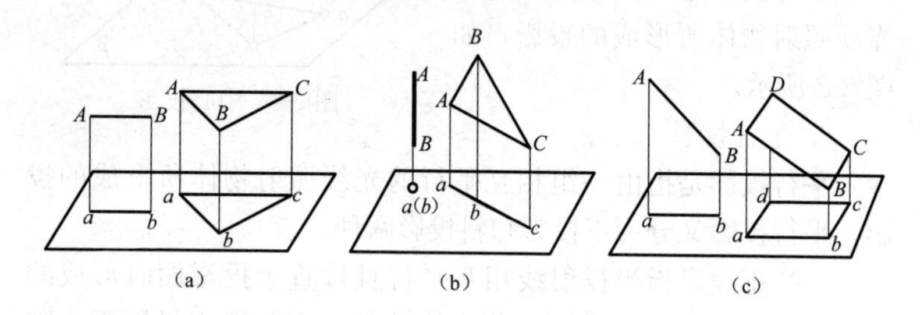

图 2-4 平行投影的性质

（a）直线、图形平行于投影面图；（b）直线、图形垂直于投影面图；（c）直线、平面倾斜于投影面图

第二节 三面投影体系

一、三面投影体系的建立

设立三个相互垂直的投影面 H、V、W，组成的体系叫三面投影体系，如图 2-5 所示。H 面为水平投影面，V 面为正立投影面，W 面为侧立投影面。任两个面的交线称为投影轴，分别为 X 轴、Y 轴、Z 轴。三个投影轴的交点称为原点，用 O 表示。

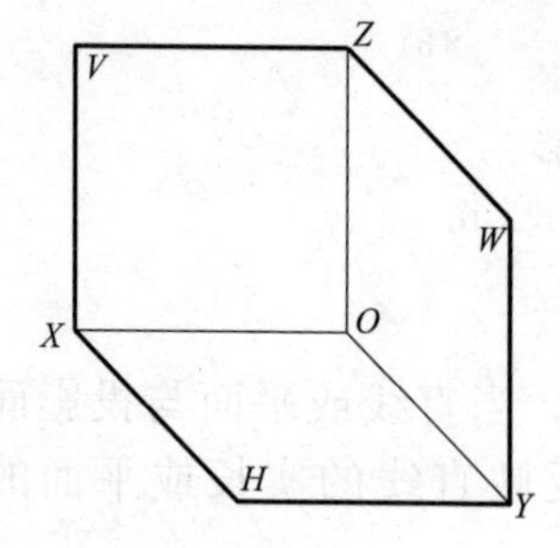

图 2-5 三面投影体系

二、三面投影的对应关系

（1）三面投影图的投影关系如图 2-6 所示。

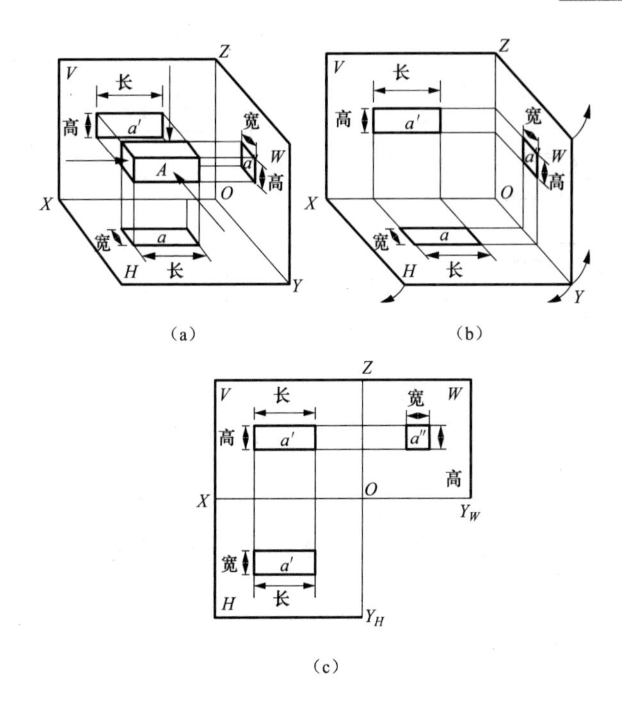

图 2-6　物体三面投影的形成

(a) 投影体系中的投影；(b) 投影体系的展开；(c) 投影图

由图 2-6 可知：

水平投影和正面投影的长度必相等，且相互对正，即“长对正”。

正面投影和侧面投影的高度必相等，且相互平齐，即“高平齐”。

水平投影和侧面投影的宽度必相等，即“宽相等”。

(2) 三面投影图的方位关系如图 2-7 所示。

分析图 2-7 可知：

物体的水平投影反映左、右、前、后四个方向。

正面投影反映左、右、上、下四个方向。

侧面投影反映上、下、前、后四个方向。

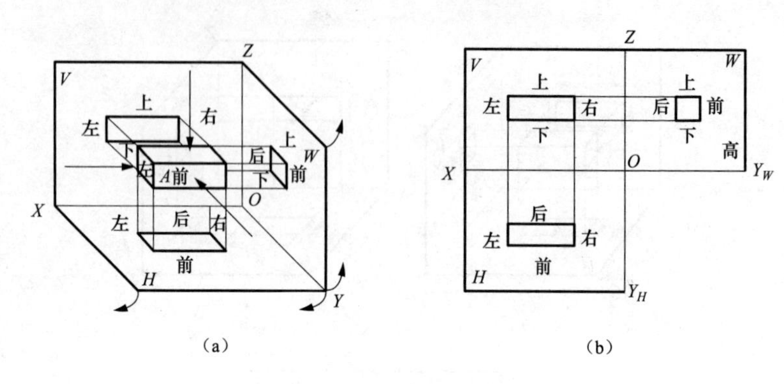

图 2-7 三面投影的方位关系

(a) 投影体系中的投影；(b) 投影展开图

第三节 点、线、平面的投影规律

一、点的投影

1. 点的三面投影及其规律

根据正投影的原理，分析点的三面投影（见图 2-8），可知点的三面投影的规律如下：

（1）点的投影仍是点。

（2）点的任意两面投影的连线垂直于相应的投影轴。$aa' \perp OX$，$a'a'' \perp OZ$，$aa_{YH} \perp OY_H$，$a''a_{YW} \perp OY_W$。

（3）点的投影到投影轴的距离，反映点到相应投影面的距离。

点 A 到 H 面的距离：$Aa = a'a_X = a''a_{Y_W}$。

点 A 到 V 面的距离：$Aa' = aa_X = a''a_Z$。

点 A 到 W 面的距离：$Aa'' = aa_{YH} = a'a_Z$。

2. 重影点

当空间两点位于某一投影面的同一投影线上时，两点的投影重合，这个重合的投影称为重影，空间的两点称为重影点。

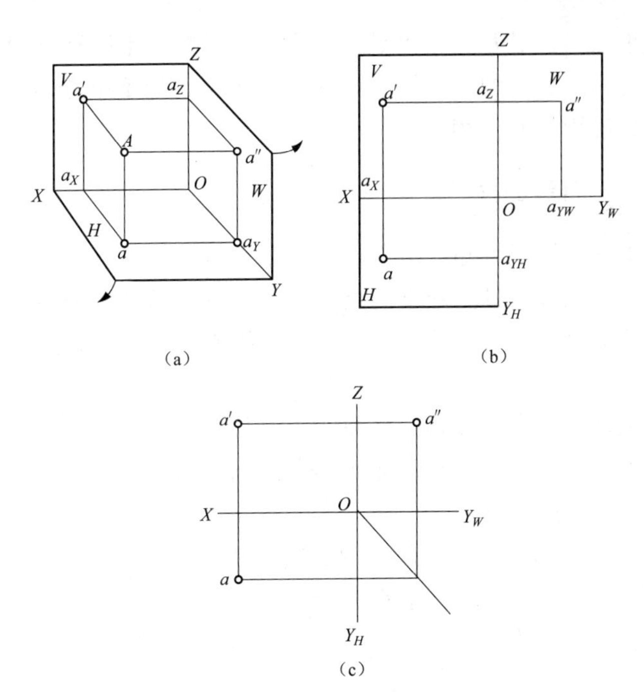

图 2-8　三面投影的形成

(a) 投影体系中点的投影；(b) 投影展开图；(c) 点的投影图

如图 2-9 所示，A，B 两点在 H 面的同一投影线上，且 A 在 B 之上，则两点的水平面投影 a、b 重合。沿着射线方向看，点 A

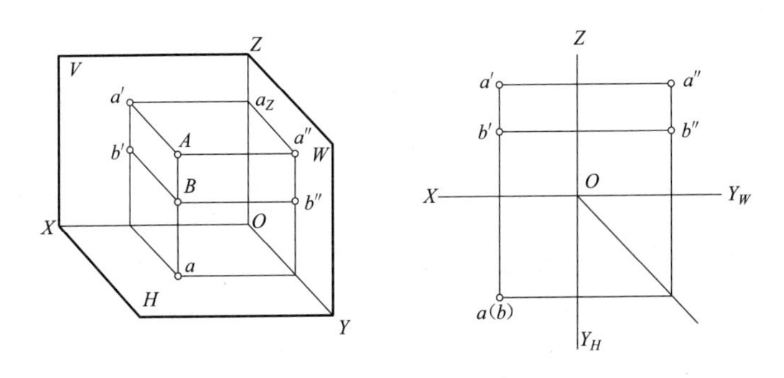

图 2-9　重影点的三面投影

挡住了点 B，则 B 为不可见点，为了在投影图中区别点的可见性，将不可见点的投影用字母加括号表示，如重影点 A、B 的水平投影用 a（b）表示。

二、直线的投影

由几何知识可知，两点确定一条直线。所以要确定一条直线的空间位置，只需确定两点的空间位置，即分别做两点在各投影面的投影，把在同一投影面上的投影连接即是直线的三面投影，如图 2-10 所示。

根据投影线与投影面之间的相对位置不同，直线可分为一般位置直线、投影面平行线和投影面垂直线。

1. 一般位置直线

一般位置直线指与三个投影面均处于倾斜位置的直线，如图 2-10（a）所示。据观察分析知，直线与各平面都处于倾斜位置，有倾角，因此，我们得到一般位置直线的投影特性。

（1）直线的三个投影都为直线且均小于实长。

（2）直线的三个投影均倾斜于投影轴，任何投影与投影轴的夹角都不能反映空间直线与投影面的倾角。

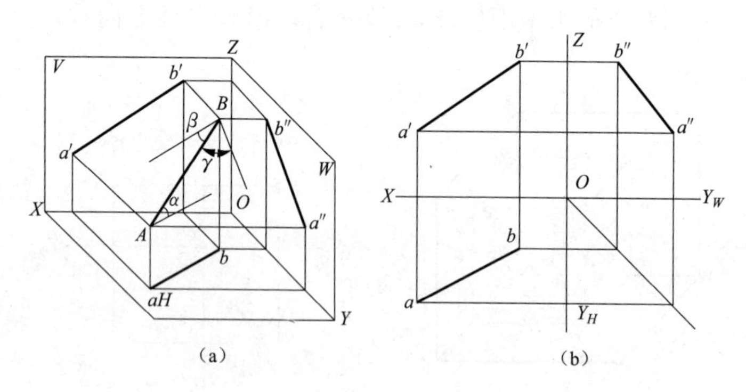

图 2-10　直线的三面投影的形成

（a）投影体系中的直线投影；（b）直线投影图

2. 投影面平行线

投影面平行线指平行于一个投影面的直线。

（1）投影面平行线的分类，即：

水平线：平行于 H 面的直线。

正平线：平行于 V 面的直线。

侧平线：平行于 W 面的直线。

（2）投影面平行线的投影特性见表 2-1。

表 2-1　　投影面平行线的投影

名称	立体图	投影图	投影特性
水平线（只平行于 H 面）	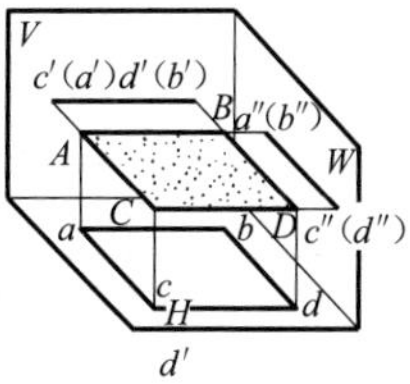	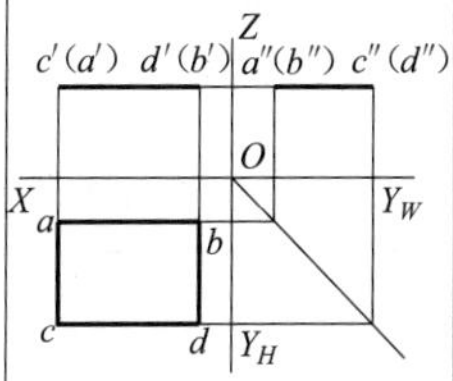	（1）H 投影反映实形； （2）V 投影积聚为平行于 OX 的直线段； （3）W 投影积聚为平行于 OY_W 的直线段
正平线（只平行于 V 面）	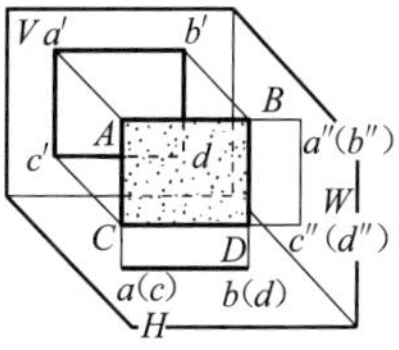	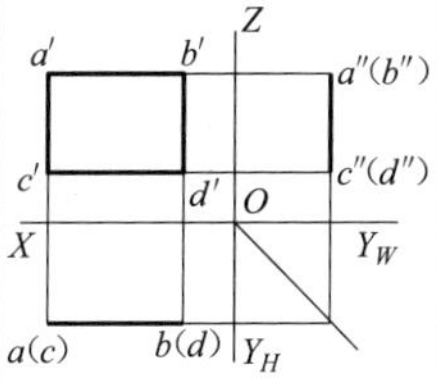	（1）V 投影反映实形； （2）H 投影积聚为平行于 OX 的直线段； （3）W 投影积聚为平行于 OZ 的直线段
侧平线（只平行于 W 面）	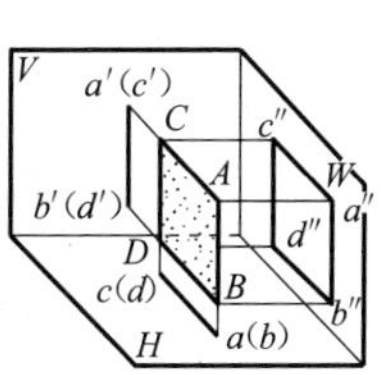	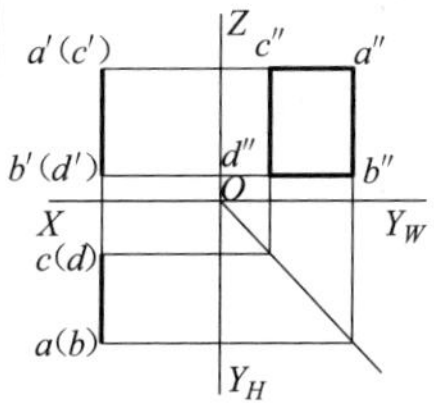	（1）W 投影反映实形； （2）H 投影积聚为平行于 OY_H 的直线段； （3）V 投影积聚为平行于 OZ 的直线段

综合分析可知，投影面平行线的投影特性如下：

（1）在其平行的投影面上的投影反映直线段实长，该投影与投影轴的夹角反映直线与另外两个投影面的真实倾角。

（2）直线在另外两个投影面上的投影，分别平行于其所在投影面与平行投影面相交的投影轴，但不反映实长。

3. 投影面垂直线

投影面垂直线指垂直于一个投影面的直线。

（1）投影面垂直线分类。即：

铅垂线：垂直于 H 面的直线。

正垂线：垂直于 V 面的直线。

侧垂线：垂直于 W 面的直线。

（2）投影面垂直线的投影特性见表 2-2。

表 2-2　　投影面垂直线的投影

名称	立体图	投影图	投影特性
铅垂线（垂直于 H 面）	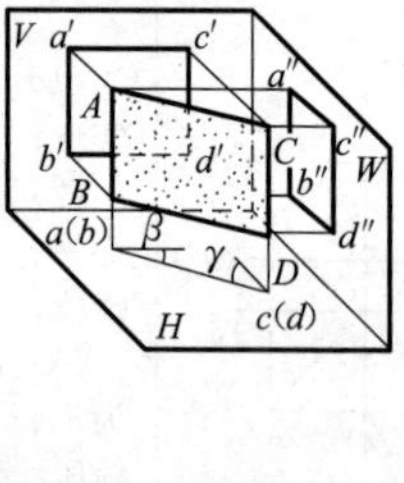	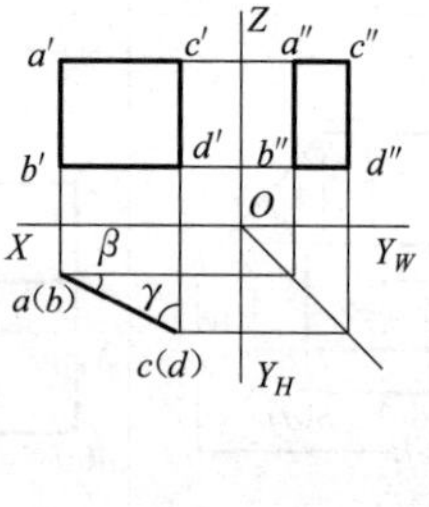	（1）H 投影积聚为一斜线且反映 β 和 γ 角；（2）V、W 投影为类似形
正垂线（垂直于 V 面）	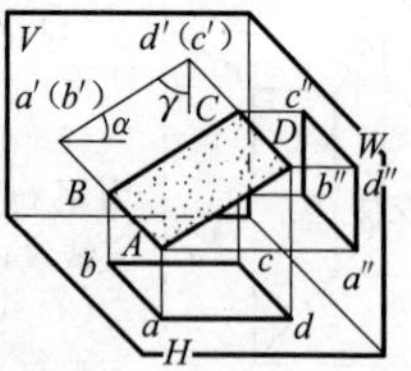	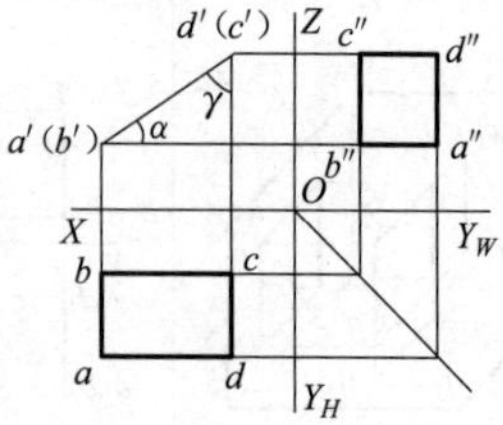	（1）V 投影积聚为一斜线且反映 α 和 γ 角；（2）H、W 投影为类似形

续表

名称	立体图	投影图	投影特性
侧垂线（垂直于 W 面）	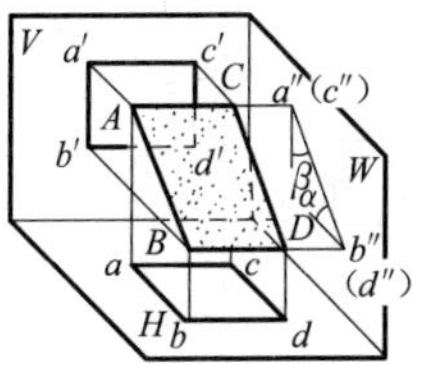	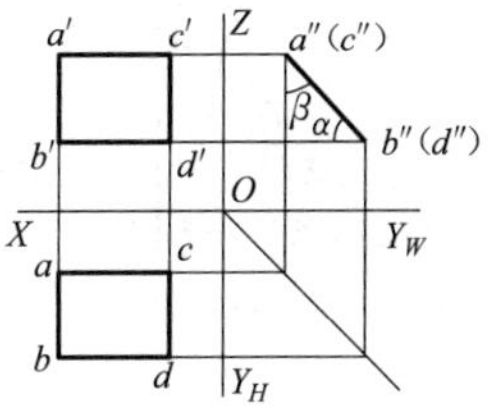	（1）W 投影积聚为一斜线且反映 α 和 β 角；（2）H、V 投影为类似形

综合分析可知，投影面垂直线的投影特性如下：

（1）在其垂直的投影面上的投影积聚为一点。

（2）直线在其他两投影面上的投影，均垂直于其所在投影面与垂直投影面相交的投影轴，且反映实长。

三、平面的投影

平面可以看成点和直线不同形式的组合，要绘制平面的投影，只需做出表示平面图形轮廓的点和线的投影图即可。根据平面与投影面相对位置不同，平面可以分为三类：一般位置平面、投影面平行面、投影面垂直面。

1. 一般位置平面

一般位置平面指与三个投影面均处于倾斜位置的平面。一般位置平面的投影均不反映平面的实形，也无积聚性，仅是原图形的类似形，如图 2-11 所示。

2. 投影面平行面

投影面平行面指平行于一个投影面的平面。

（1）投影面平行面的分类。

水平面：平行于 H 面的平面。

正平面：平行于 V 面的平面。

侧平面：平行于 W 面的平面。

（2）投影面平行面的投影特性见表 2-3。

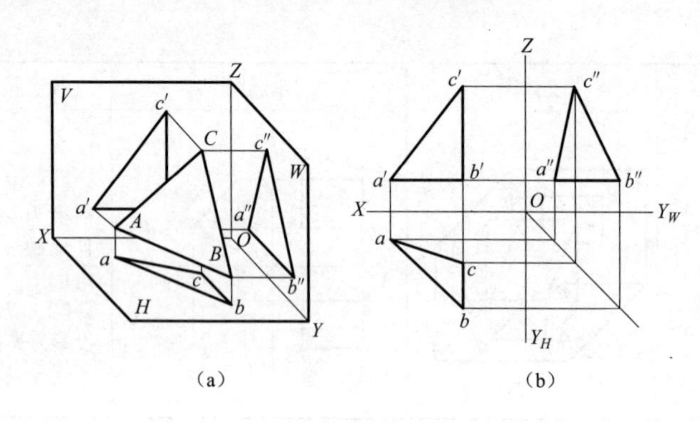

图 2-11　一般位置平面的三面投影

(a) 投影体系中平面的投影；(b) 平面的投影图

表 2-3　　投影面平行面的投影

类型	立体图	投影图	投影特征
正平面	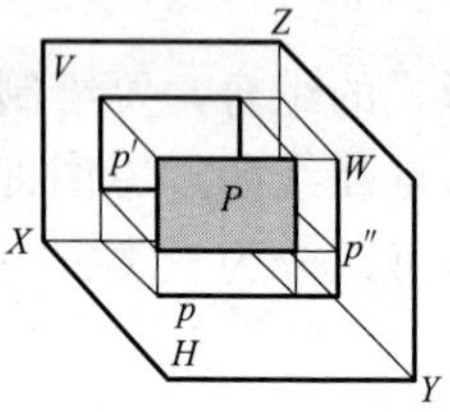	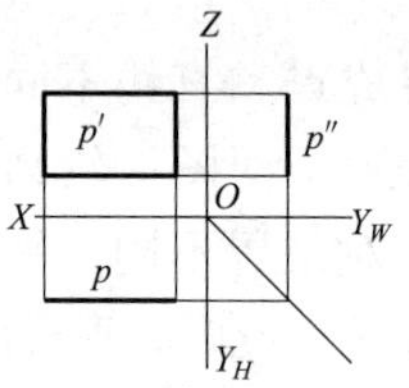	(1) 在 V 面上的投影反映实形；(2) 在 H 面、W 面上的投影积聚为一直线，且分别平行于 OX 轴和 OZ 轴
水平面	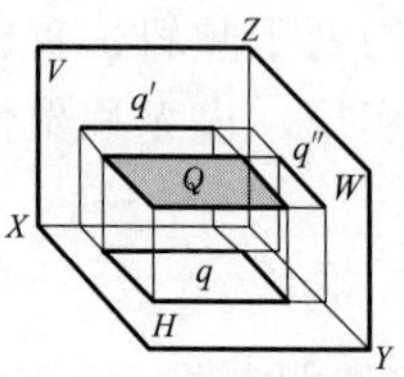	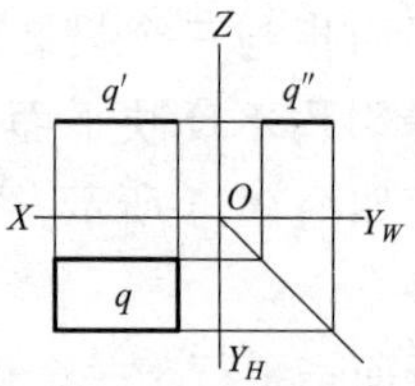	(1) 在 H 面上的投影反映实形；(2) 在 V 面、W 面上的投影积聚为一直线，且分别平行于 OX 轴和 OY_W 轴
侧平面	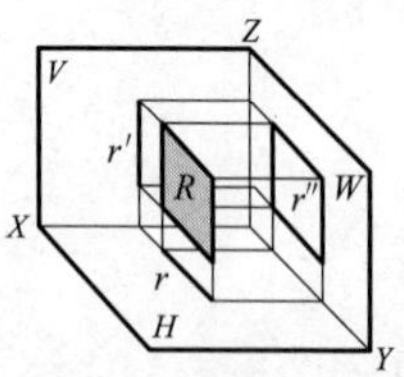	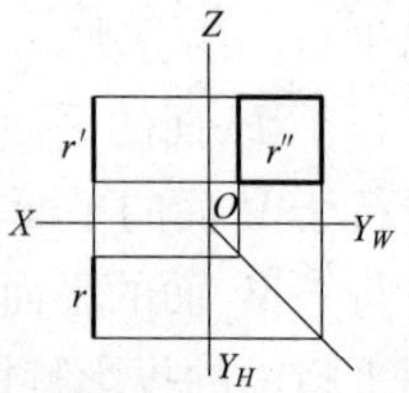	(1) 在 W 面上的投影反映实形；(2) 在 H 面、V 面上的投影积聚为一直线，且分别平行于 OZ 轴和 OY_H 轴

综合分析可知，投影面平行面的特性如下：

（1）在其平行的投影面上的投影反映实形。

（2）在另外两个投影面上的投影积聚成一直线，且分别平行于各投影所在平面与平行投影面相交的投影轴。

3. 投影面垂直面

投影面垂直面指垂直于一个投影面的平面。

（1）投影面垂直面的分类，即：

铅垂面：垂直于 H 面的平面。

正垂面：垂直于 V 面的平面。

侧垂面：垂直于 W 面的平面。

（2）投影面垂直面的投影特性见表 2-4。

表 2-4　　投影面垂直面的投影

类型	立体图	投影图	投影特征
正垂面	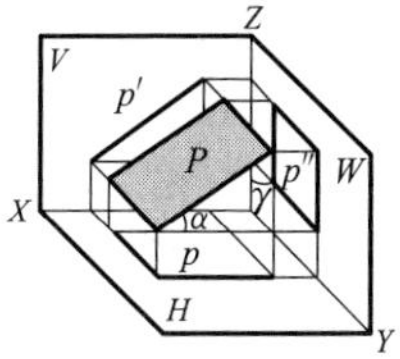	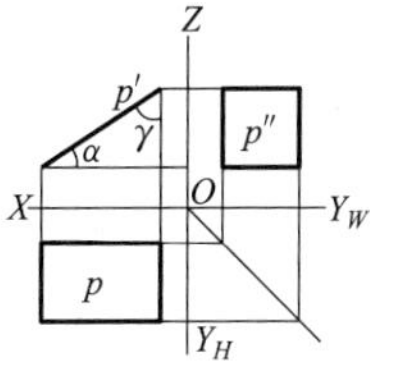	（1）正面投影积聚为一斜直线，反映 α 和 γ 角；（2）水平投影和侧面投影均为平面的类似图形
铅垂面	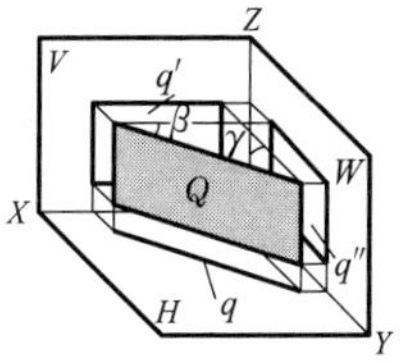	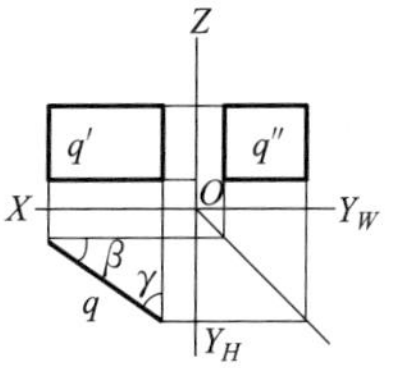	（1）水平投影积聚为一斜直线，反映 β 和 γ 角；（2）正面投影和侧面投影均为平面的类似图形
侧垂面	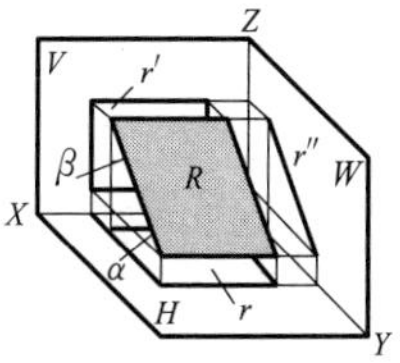	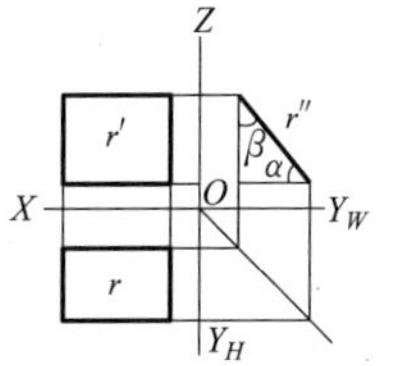	（1）侧面投影积聚为一斜直线，反映 α 和 β 角；（2）正面投影和水平投影均为平面的类似图形

综合分析可知，投影面垂直面的特性如下：

（1）在其垂直的投影面上的投影积聚成一直线，且该直线与相应投影轴的夹角，反映该平面对另外两个投影面的倾角。

（2）在其他两投影面上的投影为原平面图形的类似形，且小于实形。

四、圆的投影

1. 平行于投影面的圆

由投影面平行面的投影特性可知：在所平行的投影面上的投影反映圆的实形；在另外两个投影面上的投影分别积聚为直线段，其长度均等于圆的直径，且平行于相应的轴，如图 2-12 所示。

2. 垂直于投影面的圆

当圆平面垂直于某投影面时，在该投影面上的投影积聚为直线段，长度等于直径；在另外两个投影面上的投影为椭圆，其长轴为同时平行于该两个投影面的平行线，即为圆平面所垂直的那个投影面的垂直线，长度为直径，短轴与之垂直，如图 2-13 所示。

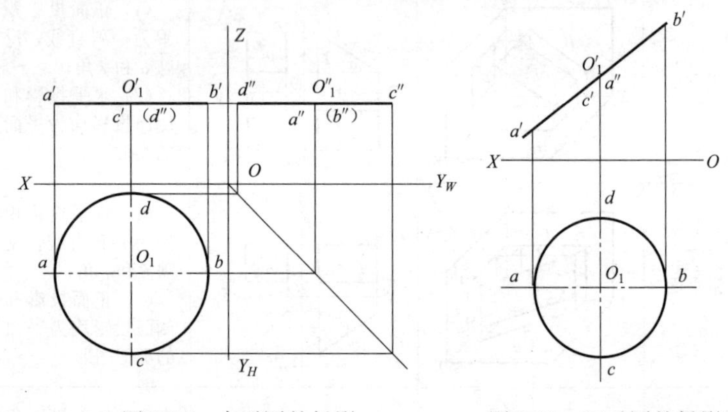

图 2-12　水平圆的投影　　　　图 2-13　正垂圆的投影

第四节　立体的投影

一、平面立体的投影

由平面构成的几何体称为平面几何体。在施工过程和生活中有很多构件都是由平面几何体构成的。常见的类型有棱柱体、长方体、棱锥体、棱台等。

1. 棱柱体的投影

棱柱由上、下底面和若干侧面围成，如图 2-14 所示。其上、下底面的形状和大小完全相同且相互平行；每两个侧面的交线为棱线，有几个侧面就有几条棱线；各棱线相互平行且都垂直于上、下底面。

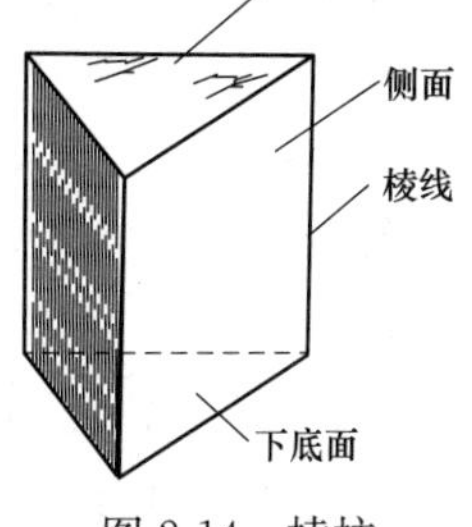

图 2-14 棱柱

下面以正六棱柱为例，介绍棱柱的投影特点，如图 2-15（a）所示。正六棱柱由六个侧面和上、下底面围成，上、下底面都是正六边形且相互平行；六个侧面两两相交为六条相互平行的棱线，六条棱线垂直于上、下底面。当底面平行于 H 面时，得到如图 2-15（b）所示的三面投影图（本书后面的投影图一般不再画投影轴，三面投影按照“长对正，高平齐，宽相等”的关系摆放）。在 H 面投影上，由于各棱线垂直于底面，即垂直于 H 面，所以 H 面投影

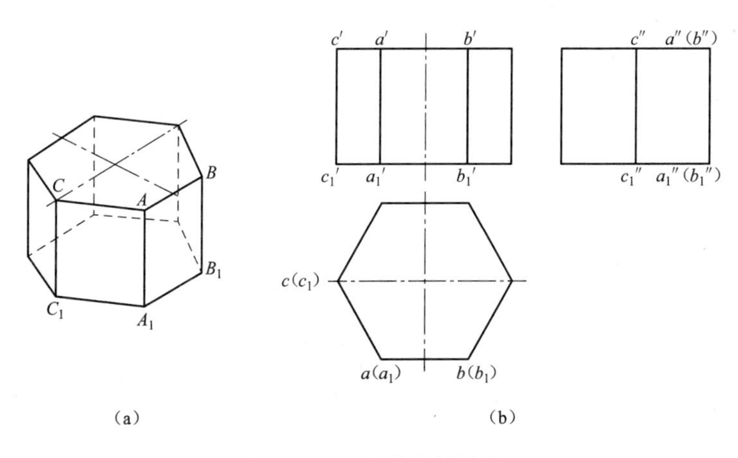

图 2-15 正六棱柱的投影

（a）立体图；（b）投影图

均积聚为一点，这是棱柱投影的最显著特点，如 $a(a_1)$、$b(b_1)$ 等；相应地，各侧面也都积聚为一条线段，如 $a(a_1)$ $b(b_1)$、$a(a_1)$ $c(c_1)$ 等；上、下底面反映实形（水平面），投影仍为正六边形（上底面投影可见，下底面投影不可见）。在 V 面投影上，上、下底面投影积聚为上、下两条直线段；各侧面投影为实形（如 $a'b'b_1'a_1'$）或类似形（如 $c'a'a_1'c_1'$）；由于各棱线均为铅垂线，所以 V 面投影都反映实长。在 W 面投影上，上、下底面仍积聚为直线段，各侧面投影为类似形（如 $c''a''a_1''c_1''$）或积聚为直线段如 $a''(b'')a_1''(b_1'')$，各棱线仍反映实长。

在立体的投影图中，应能够判别各侧面及各棱线的可见性。判别的原则是，根据其前后、上下、左右的相对位置来判断其 V 面、H 面、W 面投影是否可见。例如，在图 2-15（b）中，由于六棱柱的上底面在上，所以其 H 面投影可见；下底面在下，被六棱柱本身挡住，自然其 H 面投影为不可见。在 W 面投影中，由于棱线 AA_1 在左，W 投影为可见，而 BB_1 在右，W 投影为不可见。应注意到正六棱柱为前后对称形，因此，在 V 面投影中，位于形体前面的三个侧面的 V 面投影都可见，而后面的三个侧面的 V 面投影都不可见。

平面立体表面取点的方法与平面上取点的方法相同。但必须注意的是，应确定点在哪个侧面上，从而根据侧面所处的空间位置，利用其投影的积聚性或在其上作辅助线，求出点在侧面上的投影。

2. 棱锥体的投影

棱锥由一个底面和若干个侧面围成，各个侧面由各条棱线交于顶点，顶点常用字母 S 来表示。如图 2-16（a）所示为一个三棱锥，其底面为 $\triangle ABC$，顶点为 S，三条棱线分别为 SA、SB、SC。三棱锥底面为三角形，有三个侧面及三条棱线；四棱锥的底面为四边形，有四个侧面及四条棱线；依此类推。

在作棱锥的投影图时，通常将其底面水平放置，如图 2-16（b）所示。因而，在其 H 面投影中，底面反映实形；在 V 面、

W 面投影中，底面均积聚为一直线段；各侧面的 V 面、W 面投影通常为类似形，但也可能积聚为直线段，如该图中 $s''a''(c'')$。

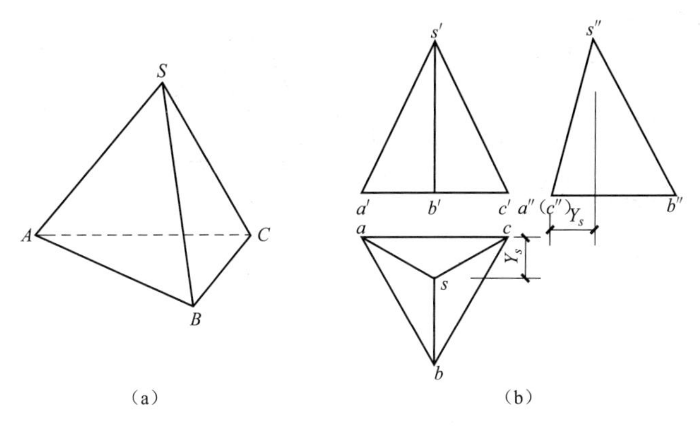

图 2-16　三棱锥的投影

（a）立体图；（b）投影图

以图 2-16（b）为例，判别棱锥三面投影的可见性。在 H 面投影中，底面在下不可见，而三个侧面及三条棱线均可见；在 V 面投影中，位于后面的侧面△SAC 不可见，另外两个侧面△SAB 和△SBC 均为可见；在 W 面投影中，侧面△SAB 在左，投影可见，侧面△SBC 不可见，另一侧面投影积聚于 $s''a''(c'')$。

在棱锥表面上取点、线时，应注意其在侧面的空间位置。组成棱锥的侧面有特殊位置平面，也有一般位置平面，在特殊位置平面上作点的投影，可利用投影积聚性作图；在一般位置平面上作点的投影，可选取适当的辅助线作图。

3. 棱台体

用平行于棱锥底面的一个平面切割棱锥后，底面与截面之间的中间部分称为棱台体。其特征是两底面相互平行，各侧面均为梯形。同样，棱台也有正棱台和斜棱台之分。为方便作棱台体的投影，常使棱台的底面平行于某一投影面，通常使其底面平行于 H 面，如正三棱台的投影如图 2-17（a）所示。根据正投影原理，作正三棱台体的三面投影，如图 2-17（b）所示。

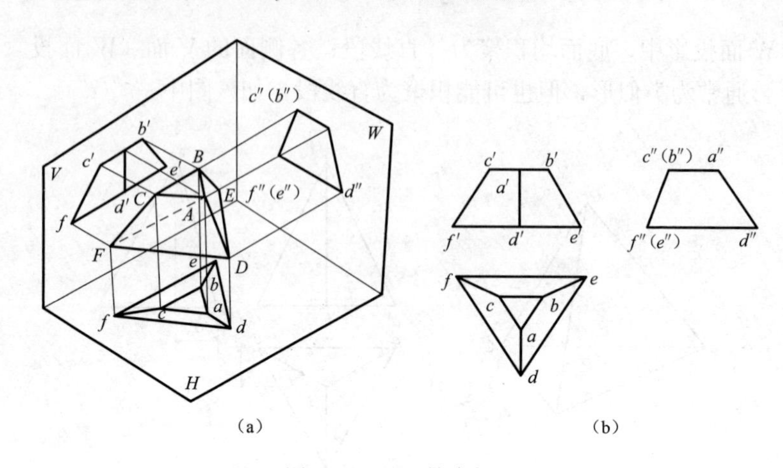

(a) (b)

图 2-17 正三棱台投影

(a) 投影体系中立体图；(b) 投影图

观察正三棱台投影图可知，当正棱台体底面与一个投影面平行时的三面投影规律：正棱台的一个投影的外部轮廓为多边形，另两个投影的外部轮廓为梯形。

二、曲面立体的投影

由曲面或由曲面与平面围合而成的形体称为曲面几何体(即曲面立体)，如圆柱体、圆锥体、圆台体、球体等。

1. 圆柱体的投影

圆柱体是由两个相互平行且相等的圆平面和一圆柱面围成的形体。两个相互平行且相等的平面称为上下底面，圆柱面称为侧面。为方便作圆柱体的投影，常使圆柱的底面平行于某一投影面，通常是平行于 H 面，如图 2-18 所示。

观察圆柱体投影图可知，底面与一个投影面平行的圆柱体的三面投影规律：一个投影是圆，另两个投影全为全等的矩形。

2. 圆锥体的投影

圆锥是由一圆形平面与一圆锥面围成的形体。圆平面称为底面，圆锥面称为侧面。为方便作圆锥体的投影，常使圆锥的底面平行于某一投影面。如图 2-19 所示为其底面平行于 H 面的圆锥体的投影。

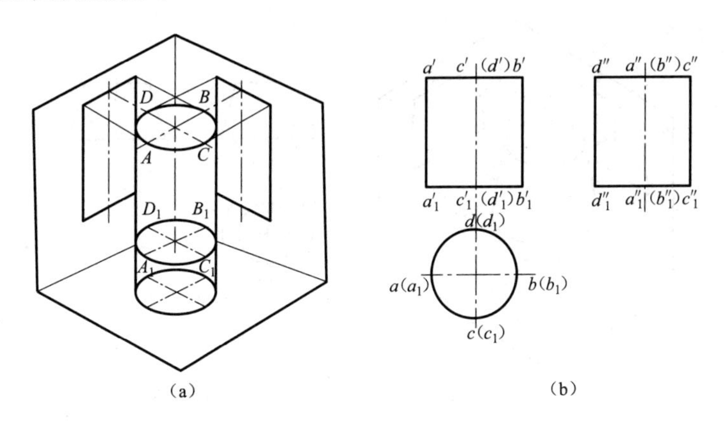

图 2-18　圆柱体的投影

(a) 投影体系中立体图；(b) 投影图

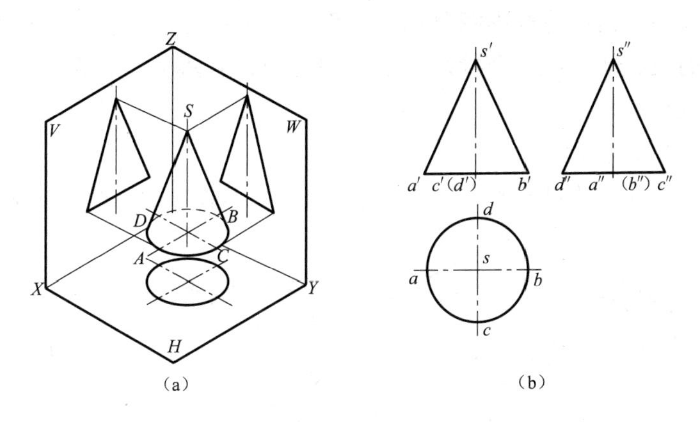

图 2-19　圆锥体的投影

(a) 投影体系中立体图；(b) 投影图

观察圆锥体投影图可知，底面与一个投影面平行的圆锥体的三面投影规律：一个投影为圆，另两个投影为全等的等腰三角形。

3. 圆台的投影

用平行于底面的平面切割圆锥，截面和底面的中间部分称为圆台。为方便作圆台的投影，常使圆台的底面平行于某一投影面。如图 2-20 所示为其底面平行 H 面的圆台的投影。

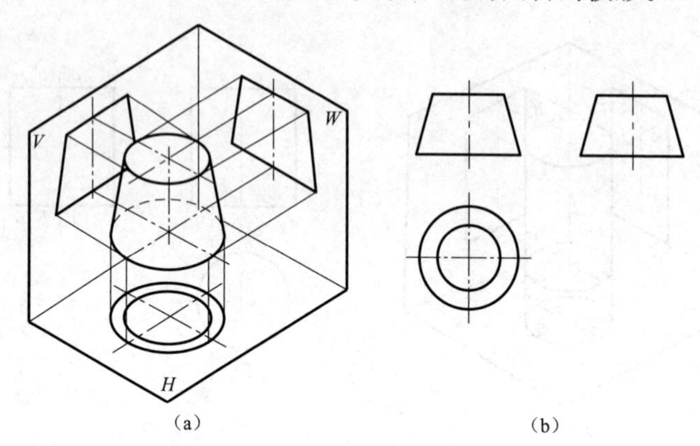

图 2-20 圆台的投影
(a) 投影体系中立体图；(b) 投影图

观察圆台的投影图可知，底面与一个投影面平行的圆台的三面投影规律：一个投影为两个同心圆，另两个投影为全等的等腰梯形。

4．球体的投影

球面自动封闭形成的形体称为球体。其投影如图 2-21 所示。

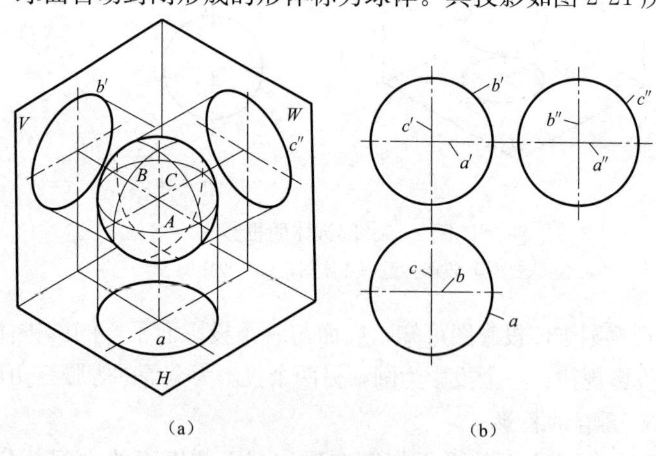

图 2-21 球体的投影
(a) 投影体系中立体图；(b) 投影图

观察球体投影图可知，球体的三面投影规律：球体的投影为三个直径相等的圆。

第五节 组合体的投影及绘制

一、组合体的投影

组合体就是以基本几何体按不同方式组合而成的形体。建筑工程中的形体，大部分是以组合体的形式出现的。组合体按构成方式的不同可分为叠加型组合体、切割型组合体、混合型组合体。

1. 叠加型组合体

(1) 平齐。两基本体相互叠加时部分表面平齐共面，则在表面共面处不画线。在图 2-22 (a) 中，两个长方体前后两个表面平齐共面，故正面投影中两长方体表面相交处不画线。

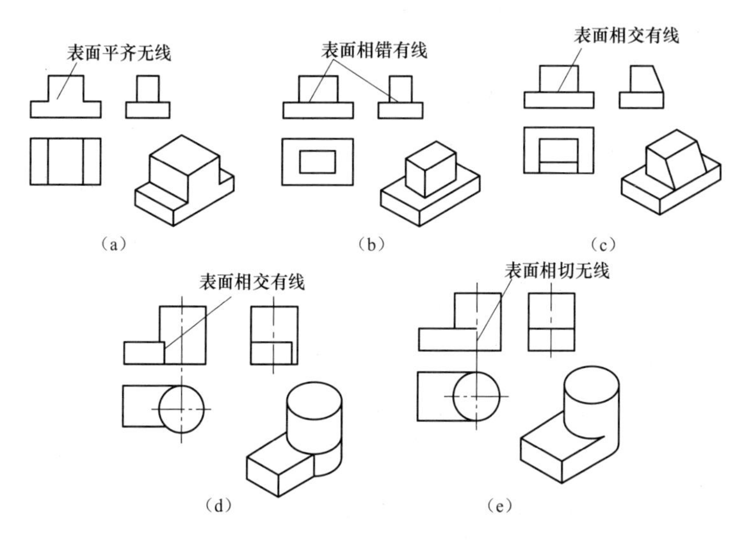

图 2-22 叠加型组合体及其表面关系

(a) 平齐；(b) 相错；(c)、(d) 相交；(e) 相切

（2）相错。两基本体相互叠加时部分表面不共面相互错开，则在表面错开处应画线。在图 2-22（b）中，上面长方体的侧面与下面长方体的相应侧面不共面，相互错开，因此在正面投影与侧面投影中表面相交处画线。

（3）相交。两基本体相互叠加时相邻表面相交，则在表面相交处应画线。在图 2-22（c）中，下面长方体前侧面与上方棱柱体前方斜面相交，相交处有线。在图 2-22（d）中，长方体前后侧面与圆柱体柱面相交产生交线。

（4）相切。两基本体相互叠加时相邻表面相切，由于相切处是光滑过渡的，则在表面相交处不应画线。在图 2-22（e）中，长方体前后侧面与圆柱体柱面相切，正面投影图在表面相切处不画线。

2. 切割型组合体

由基本体经过切割而形成的形体称为切割型组合体。如图 2-23 所示的组合体可以看成一个四棱柱体在左上方切去一个三棱柱，再在左前方和左后方切去两个楔形体而形成的。

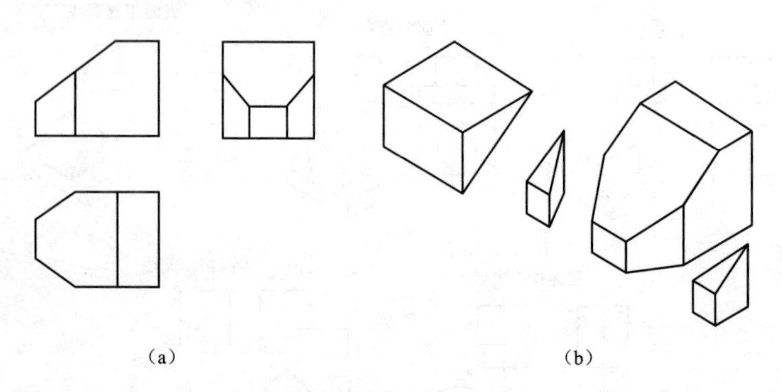

图 2-23 切割型组合体

（a）切割后图形投影；（b）切割前的基本体

3. 综合型组合体

由若干基本体经过切割，然后叠加到一起而形成的组合体称为综合型组合体。图 2-24 是一个综合型组合体，它由两个长方体组成，上面长方体被切掉一个三棱柱和一个梯形棱柱体，下面长方体在中间被切掉一个小三棱柱。

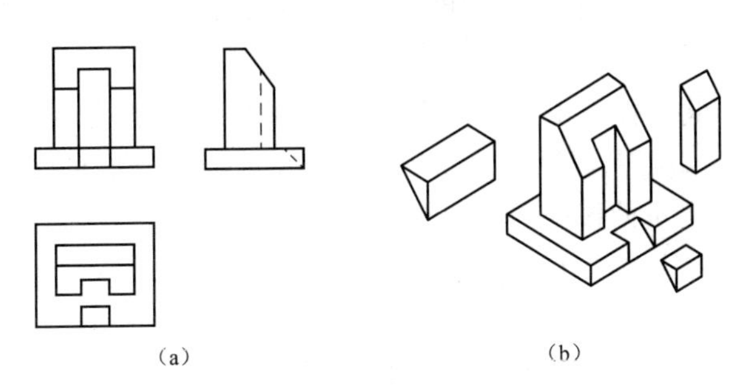

图 2-24 综合型组合体

(a) 混合后投影图；(b) 混合前基本体

二、组合体投影图的画法

1. 形体分析

首先对组合体进行形体分析，确定组合体的组成类型，明确组合体各部分的构成情况及相对位置关系，对组合体有个总体概念。如图 2-25 所示，该形体可以看成由一个水平放置的长方体、半圆柱体和一个竖直放置的长方体组合而成。其中，水平放置的长方体和半圆柱体之间挖了一个圆柱孔，竖直放置的长方体上切去一个三棱柱。

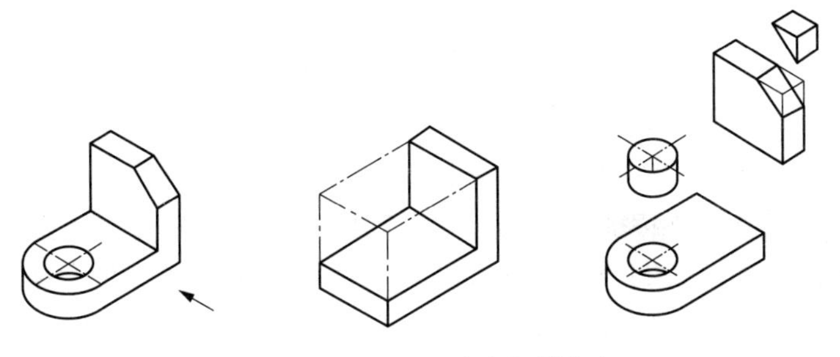

图 2-25 形体分析及确定投射方向

2. 选择正面投影的投射方向及投影图数量

正面投影图是形体的主要投影图，正面投影的选择影响形体表达效果。在选择正面投影的投射方向时一般遵循以下三个原则。

(1) 尽量让正面投影反映形体的主要特征。

(2) 将形体按正常工作位置放置。按生产工艺和安装要求放置形体，如房屋建筑中的梁应水平放置，而柱子则应竖直放置。

(3) 尽量使投影图中虚线最少。

在绘制具体形体投影图时，以上三个原则要灵活把握，对图 2-25 中的形体，选择图示投射方向（箭头所指）为好。正面投影的方向确定后，水平投影和侧面投影的方向也就随之确定了。

选择投影图数量时要在保证形体表达完整、清晰的前提下，尽量采用较少的投影图。

3. 确定比例和图幅

选择好投射方向后，要确定绘图比例和图纸幅面尺寸。比例及图幅的选择互为约束，应同时进行，二者兼顾。一种方法是先选定比例，确定投影图的大小（包括尺寸布置所需位置），留出投影图名的位置及投影图间隔，据此决定图纸大小，进而定出图纸幅面；另一种方法是先选定图幅大小，再根据投影图数量和布局，定出比例，如果比例不合适，则要再调整图幅和定出比例。要使投影图在图纸上大小适当，投影图之间的距离大致相等，图面整体布置合理。

4. 绘制投影图

绘制投影图时一般采用如下步骤。

(1) 画底稿线。先确定好投影图在图纸上的位置，一般先画出定位线或基准线，然后按照“先主后次、先大后小、先整体后局部”的顺序绘制组合体各部分的投影图。在绘制时先画最能反映形体特征的投影，然后利用投影规律将投影图配合起来画。如图 2-26 所示，先画出组合体中水平方向的长方体，再画出它右上方竖直放置的长方体，然后画出水平长方体上半圆柱体和圆孔的水平投影图和竖直长方体上切去三棱柱的侧面投影，最后完成该形体的三面投影图。

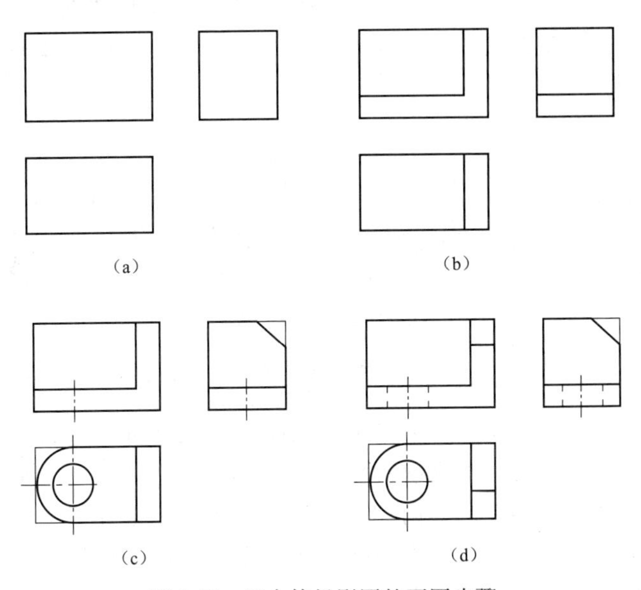

图 2-26　组合体投影图的画图步骤

(a) 步骤一；(b) 步骤二；(c) 步骤三；(d) 步骤四

(2) 布置尺寸标注。

(3) 检查修改。画完底稿后要对所画投影图进行检查，要注意检查各形体的相对位置、表面的连接关系，不要多线少线。

(4) 加深图线并注写尺寸数字和图名等。检查无误后，按制图标准规定的线型、线宽加深图线。加深图线的顺序是“先上后下、先左后右、先细后粗、先曲后直”。

三、组合体投影图的阅读

1. 读图的基础

(1) 几个投影图要联系起来读。组合体是用多面正投影来表达的，而在每一个投影图中只能表示形体的长、宽、高三个基本方向中的两个，因此不能只看了一个投影图就下结论。

如图 2-27 所示，一个投影图不能唯一确定形体的形状。只有把各个投影图按“长对正，高平齐，宽相等”的规律联系起来阅读，才能读懂。

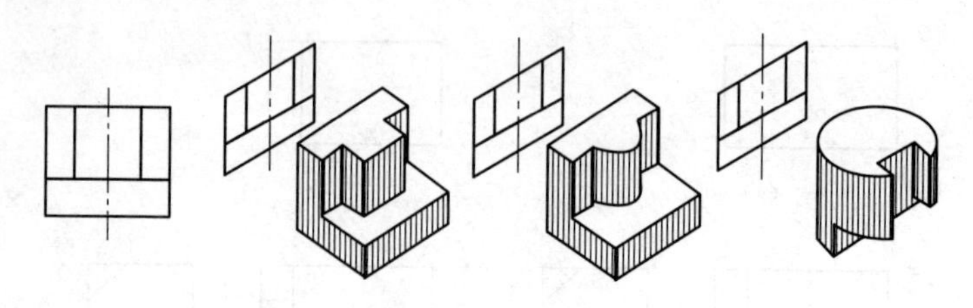

图 2-27 一个投影图不能确定形体的形状

（2）注意形体的方位关系。正面投影反映形体左右和上下方向的位置关系，不反映形体前后方向的位置关系；水平投影反映形体左右和前后方向的位置关系，不反映形体上下方向的位置关系；侧面投影反映形体上下和前后方向的位置关系，不反映形体左右方向的位置关系。通过投影图判断形体中各个部分的空间位置关系，可以准确地判断投影的可见性，进而帮助人们更清楚地理解整个形体。

（3）认真分析形体间相邻表面的相对位置。读图时要注意分析投影图中反映形体之间关联的图线，判断各形体间的相对位置。如图 2-28（a）所示的正面投影（正立面图）中，三角形肋板与底板之间为粗实线，说明它们的前表面不共面；结合水平投影（平面图）和侧面投影（左侧立面图）可以判断出肋板只有一块，位于底板中间。而图 2-28（b）的正立面图中，三角肋板与底板之间为虚线，说明其前表面是共面的，结合平面图、左侧立面图可以判断三角肋板有前后两块。

另一方面，以图 2-28 中所示的两个形体来比较，它们的平面图和左侧立面图完全相同，仅仅因为正立面图中的一段折线分别为实线和虚线的区别，便呈现出中间肋板的较大差异。

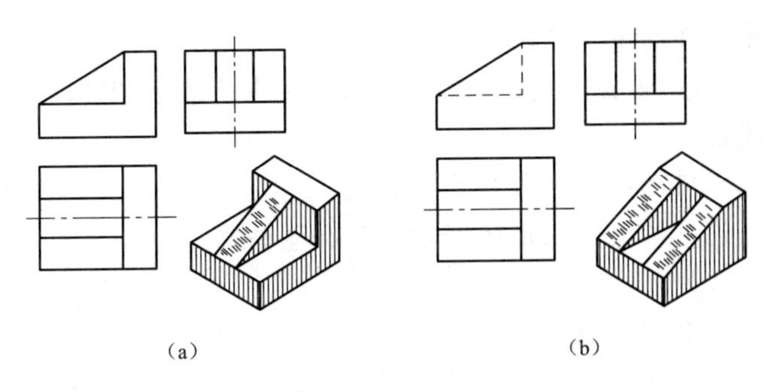

图 2-28　判断形体间的相对位置
(a) 一块肋板；(b) 两块肋板

（4）掌握各种位置直线、平面的投影特征。

（5）弄清投影图中图线、线框的空间含义。

在读图时，要注意投影图中每条图线、每个封闭线框的空间含义。弄清投影图中图线、封闭线框的空间含义有利于想象整个形体的空间形状。如图 2-29 所示，投影图中图线、封闭线框的空间含义有多种可能情况。

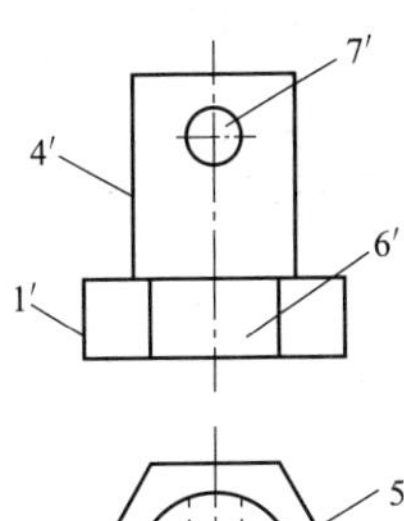

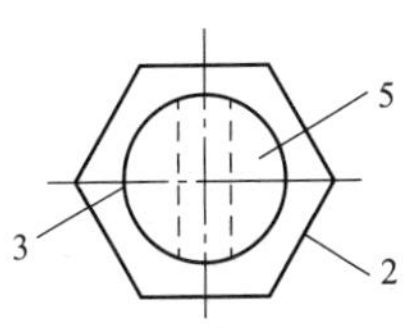

图 2-29　图线、封闭线框的含义

（1）图 2-29 中图线的空间含义有下面三种可能，即：

1）表示相邻两个表面的交线（一条或多条）的投影。图中 1′表示六棱柱两个侧面的交线（即棱线）的投影。

2）表示平面或曲面的积聚投影。图中 2 表示六棱柱侧面的积聚投影，3 表示圆柱体柱面的积聚投影。

3）表示曲面体的转向轮廓线的投影。图中 4′表示圆柱体上最左轮廓线的投影。

（2）图 2-29 中封闭线框的空间含义有下面三种可能，即：

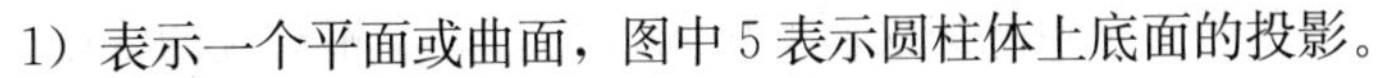

1）表示一个平面或曲面，图中 5 表示圆柱体上底面的投影。

2）表示多个平面的重合投影，图中 6′表示六棱柱最前、最后两个侧面的重合投影。

3）表示形体上的孔或槽的投影，图中 7′表示圆柱体上小圆孔的投影。

读图过程中要把想象中的形体与给定的投影图反复对照，再不断修正想象中的形体形状，只有图与物不互相矛盾，才能最后确认。

2. 读图的方法

(1) 形体分析法。在投影图中，根据形状特征比较明显的投影，将其分成若干个基本体并按各自的投影关系分别想象出各个基本体的形状，然后把它们组合起来，想象出组合体的整体形状，这种方法称为形体分析法。

用形体分析法读图，可按下列步骤进行，如图 2-30 所示。

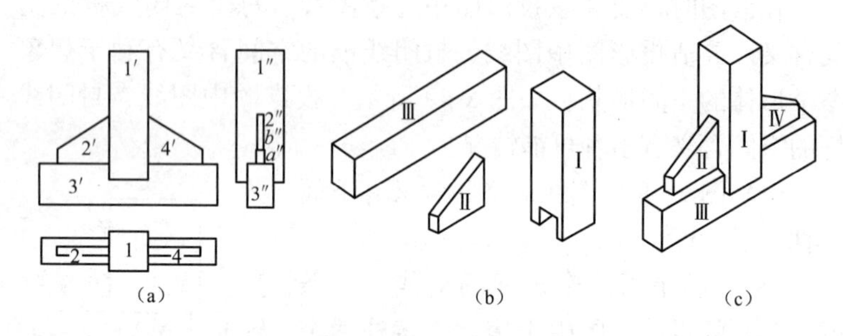

图 2-30 形体分析法读图

(a) 视图；(b) 分解；(c) 立体图

1）分线框将组合体分解成若干个基本体。由于组合体的投影图表现为线框，可以从反映形体特征的正立面图入手，如图 2-30 (a) 所示，将正立面图初步分为 1′、2′、3′、4′四个部分 (线框)。

2）对某一基本体，通过对照其他投影图，找出与之对应的投影，确认该基本体并想象出它的形状。

在平面图和左侧立面图中与前述 1′、3′相对应的线框是 1、3 和 1″、3″，由此得出简单体Ⅱ和Ⅲ，如图 2-30 (b) 所示；与

2′对应的线框，平面图是 2，但左侧立面图中却是 a''和 b''两个线框，这是因为其所对应的是上顶面为斜面的简单体Ⅱ；至于 4′线框体现的是与左边Ⅱ相对称的部分。

3）想象整体形状。读懂各基本体之间的相对位置，得出组合体的整体形状，如图 2-30（c）所示。

（2）线面分析法。分析所给各投影图上相互对应的线段和线框的意义，从而弄清组合体的各部分及整体的形状，这种方法称为线面分析法，如图 2-31 所示。

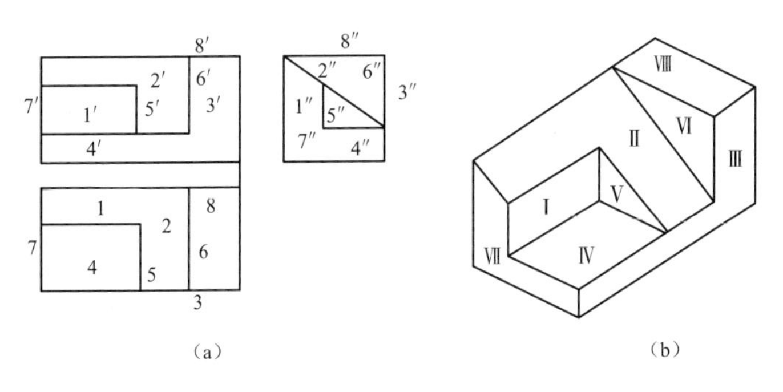

图 2-31　线面分析法读图

（a）投影图；（b）立体图

1）将正立面图中封闭的线框编号，在平面图和左侧立面图中找出与之对应的线框或线段，确定其空间形状。

正立面图中有 1′、2′、3′三个封闭线框，按“高平齐”的关系，1′线框对应 W 面投影上的一条竖直线 1″，根据平面的投影规律可知Ⅰ平面是一个正平面，其 H 面投影应为与之“长对正”的平面图中的水平线 1。2′线框对应于 W 面投影中斜线 2″，因此Ⅱ平面应为侧垂面，根据平面的投影规律，其 H 面投影不仅与其正面投影“长对正”，而且应互为类似形，即为平面图中封闭的 2 线框。3″线框对应于 W 面投影中竖线 3″，说明Ⅲ平面为正平面，其 H 面投影为横向线段 3。

2）将平面图和左侧立面图中剩余封闭线框编号，分别有 4、

8 和 5″、6″、7″，逐一找出其对应投影并确定空间形状。其中，4 线框的对应投影为线段 4′和 4″，此为矩形的水平面；8 线框对应投影为线段 8′和 8″，也为矩形的水平面；5″线框的对应投影为竖向线 5′和 5，可确定为直角三角形的侧平面；同理，6″线框及竖线 6′和 6 也为侧平面；7″线框的对应投影为竖线 7′和 7，可确定它也为侧平面。

3）由投影图分析各组成部分的上、下、左、右、前、后关系，综合起来得出整体形状，如图 2-31（b）所示。

第三章

机件的表示法

第一节 视 图

工程上把表达建筑形体的投影图称为视图。一般用三面视图及尺寸标注就可以表达出建筑形体的形状、大小和结构。但有些形体的形状和结构比较复杂，仅用三面视图无法将它们的形状完全清晰地表达出来。

一、基本视图

1. 基本视图的概念

用正投影法在三个投影面（V、H、W）上获得形体的三面投影图，在工程上叫做三视图。其中正面投影叫做主视图，水平投影叫做俯视图，侧面投影叫做左视图。从投影理论上讲，形体的形状一般用三面投影均可表示。三视图的排列位置以及它们之间的三等关系如图 3-1 所示。

2. 基本视图的关系

所谓三等关系，即主视图和俯视图反映形体的同一长度，主视图和左视图反映形体的同一高度，俯视图和左视图反映形体的同一宽度。也就是：长对正、高平齐、宽相等。

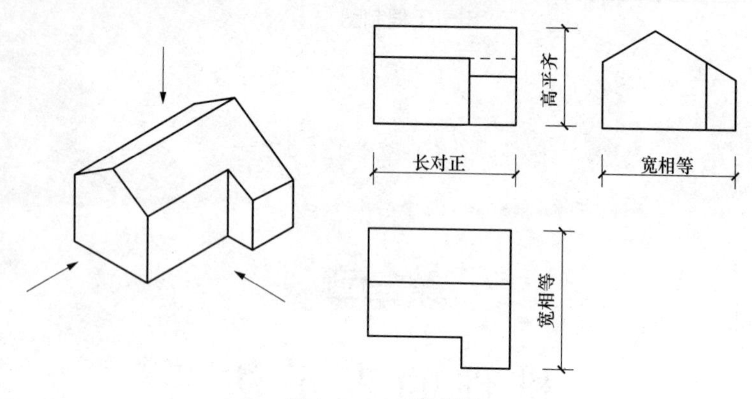

图 3-1　三面投影图

但是，当形体的形状比较复杂时，它的六个面的形状都可能不相同。若单纯用三面投影图表示，则看不见的部分在投影中都要用虚线表示，这样在图中各种图线易于密集、重合，不仅影响图面清晰，有时也会给读图带来困难。为了清晰、准确地表达形体的六个面，标准规定在三个投影面的基础上，再增加三个投影面组成一个正立方体。构成正立方体的六个投影面称为基本投影面。

把形体放在正立方体中，将形体向六个基本投影面投影，可得到六个基本视图。这六个基本视图的名称：从前向后投射得到主视图（正立面图），从上到下投射得到俯视图（平面图），从左向右投射得到左视图（左侧立面图），从右向左投射得到右视图（右侧立面图），从下到上投射得到仰视图（底面图），从后向前投射得到后视图（背立面图），如图 3-2 所示。

六个投影面的展开方法是正投影面保持不动，其他各个投影面逐步展开到与正投影面在同一个平面上。当六个基本视图按展开后的位置如图 3-3 配置时，一律不标注视图的名称。

六面投影图（六视图）的投影对应关系如下：

（1）六视图的度量对应关系，仍保持“三等关系”，即主视图、后视图、左视图、右视图高度相等；主视图、后视图、俯视图、仰视图长度相等；左视图、右视图、俯视图、仰视图宽

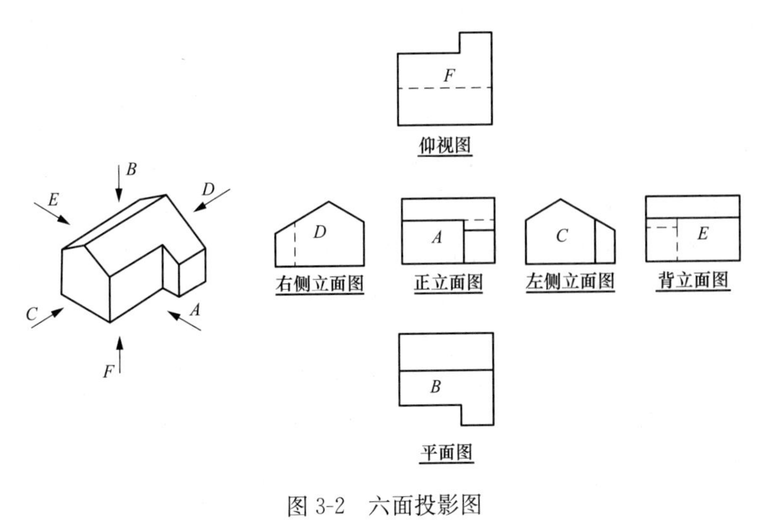

图 3-2 六面投影图

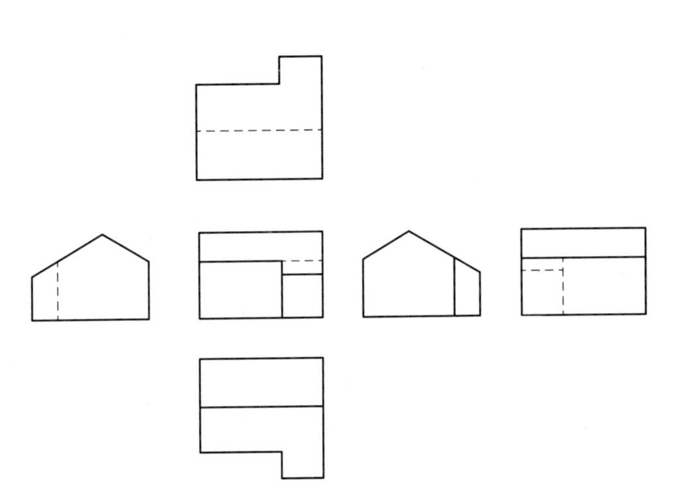

图 3-3 按展开后位置配置的基本视图

度相等。

(2) 六视图的方位对应关系，除后视图外，其他视图在远离主视图的一侧，仍表示形体的前面部分。没有特殊情况，一般应优先选用正立面图、平面图和左侧立面图。

二、向视图

将形体从某一方向投射所得到的视图称为向视图。向视图是可自由配置的视图。根据专业的需要，只允许从以下两种表达方式中选择其一：

（1）若六视图不按上述位置配置时，也可用向视图自由配置。即在向视图的上方用大写拉丁字母标注，同时在相应视图的附近用箭头指明投射方向，并标注相同的字母，如图 3-4 所示。

（2）在视图下方（或上方）标注图名。标注图名的各视图的位置，应根据需要和可能，按相应的规则布置，如图 3-5 所示。

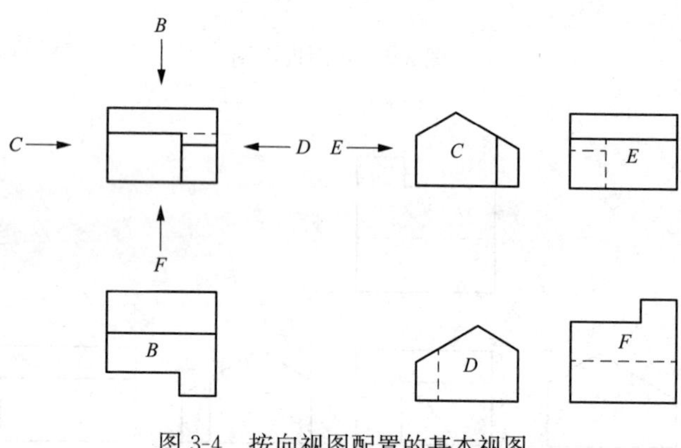

图 3-4 按向视图配置的基本视图

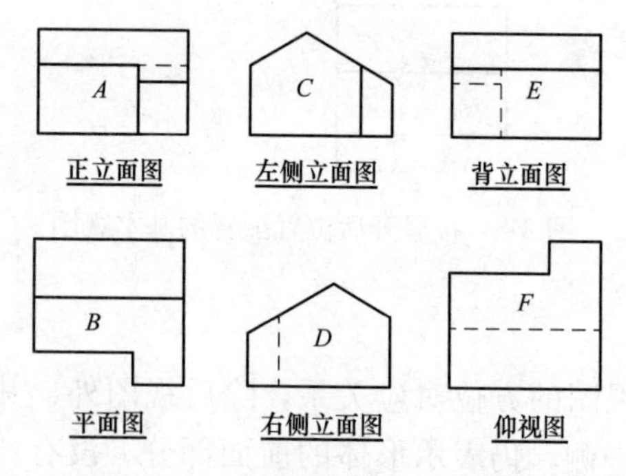

图 3-5 标注图名的基本视图

三、局部视图

如果形体主要形状已在基本视图上表达清楚，只有某一部分形状尚未表达清楚，这时，可将形体的某一部分向基本投影面投影，所得到的视图称为局部视图，如图 3-6 所示。

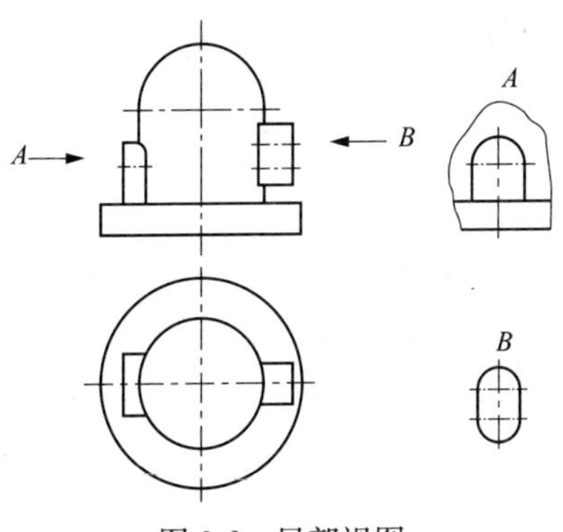

图 3-6　局部视图

四、斜视图

当形体的某一部分与基本投影面成倾斜位置时，基本视图上的投影不能反映该部分的真实形状。这时可设立一个与倾斜表面平行的辅助投影面，且垂直于 V 面，并对着此投影面投影，则在该辅助投影面上得到反映倾斜部分真实形状的图形。像这样将形体向不平行于基本投影面的投影面投影所得到的视图称为斜视图，如图 3-7 所示。

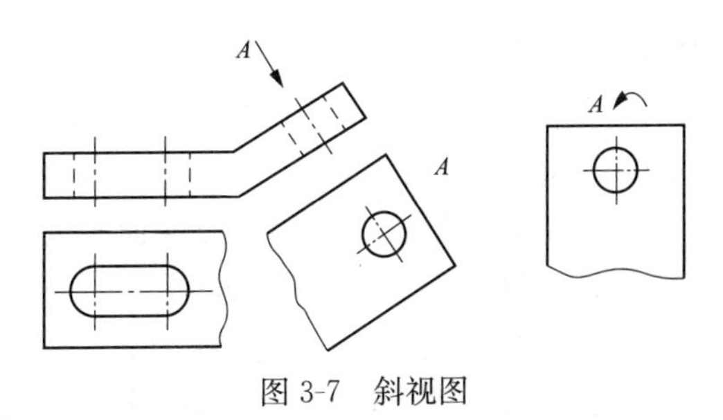

图 3-7　斜视图

五、镜像视图

某些工程构造用上述方法不易表达时，可用镜像投影法绘制，采用镜像投影法绘制的视图称为镜像视图，但应在图名后注写“镜像”二字，如图 3-8（b）所示。也可按如图 3-8（c）所示方法画出镜像投影画法识别符号。

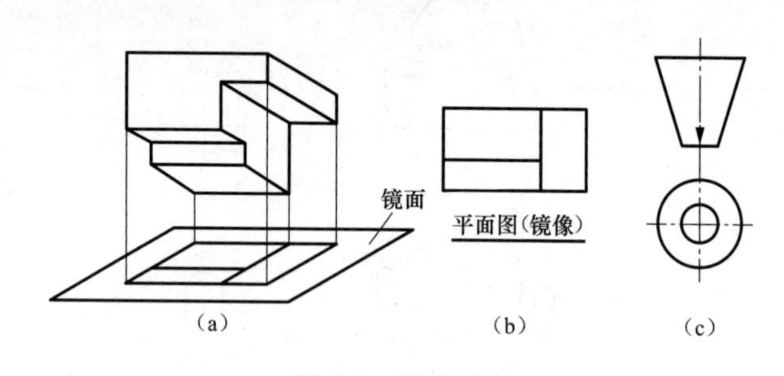

图 3-8　镜像视图

（a）实物图；（b）镜像视图画法一；（c）镜像视图画法二

第二节　剖　面　图

一、剖面图的基本概念

在画形体的投影时，形体上不可见的轮廓线在投影图上需要用虚线画出。这样，对于内部结构复杂的形体必然形成虚实线交错，混淆不清，给读图带来不便。长期的生产实践证明，解决这个问题的最好方法，是将假想形体剖开，让它的内部显露出来，使形体的看不见的部分变成看得见的部分，然后用实线画出这些形体内部的投影图，如图 3-9 和图 3-10 所示。

假想用一个（或几个）剖切平面（或曲面）沿形体的某一部分切开，移走剖切面与观察者之间的部分，将剩余部分向投影面投影，所得到的视图叫剖面图，简称剖面。一般情况下剖切面应平行某一投影面，并通过内部结构的主要轴线或对称中心线。必要时也可以用投影面垂直面作剖切面。

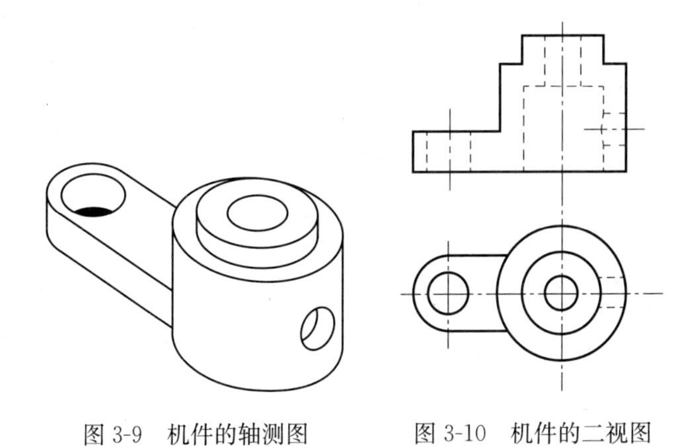

图 3-9　机件的轴测图　　　图 3-10　机件的二视图

二、剖切面的种类及剖面符号

1. 剖切面的种类

常用的剖切面有三种：单一剖切平面、几个相交的剖切平面（交线垂直于某一投影面）、几个平行的剖切平面，如图 3-11 所示。

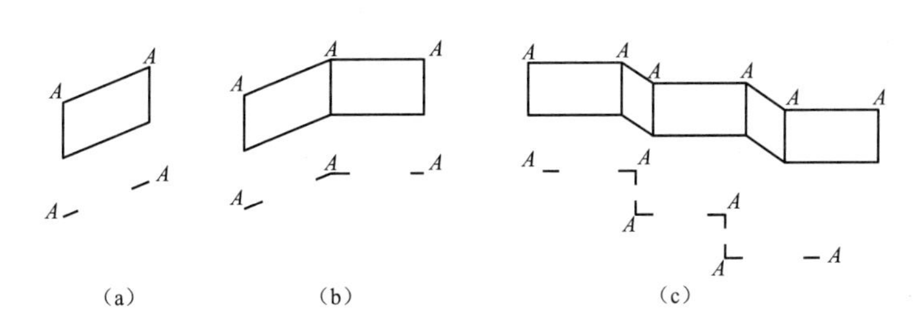

图 3-11　剖切面的种类

(a) 单一剖切平面；(b) 几个相交的剖切平面；(c) 几个平行的剖切平面

2. 剖面符号

常见的剖面符号见表 3-1。

表 3-1　　剖面符号

材料类型	剖面符号	材料类型	剖面符号
金属材料（已有规定剖面符号者除外）		木质胶合板（不分层数）	
线圈绕组元件		基础周围的泥土	
转子、电枢、变压器和电抗器等叠钢片		混凝土	
非金属材料（已有规定剖面符号者除外）		钢筋混凝土	
型砂、填砂、粉末冶金、砂轮、陶瓷刀片、硬质合金刀片等		砖	
玻璃		格网（筛网、过滤网等）	
木材纵剖面		液体	
木材横剖面			

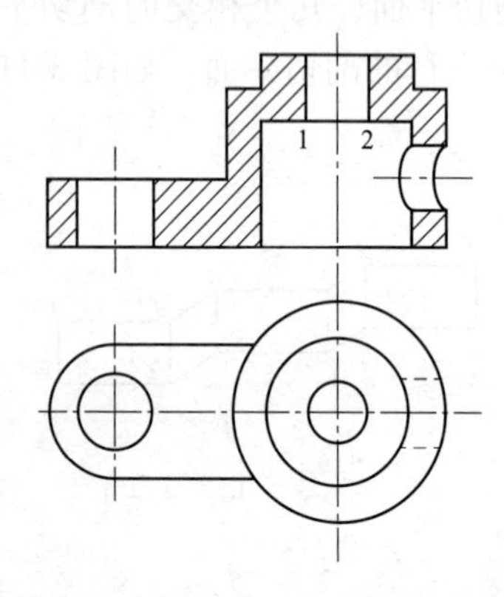

图 3-12　机件全剖面图

三、剖面图的种类

按选用剖切面的不同及剖切位置的不同，剖面图分为以下几类。

1. 全剖面图

用剖切面完全剖开形体的剖面图称为全剖面图，简称全剖面，如图 3-12 所示。

2. 半剖面图

当形体具有对称平面时，向垂直于对称平面的投影面上投影所得的图形，可以以对称中心线为界，一半画成剖面图，另一半画成视图，这种剖面图称为半剖面图，简称半剖面，如图 3-13、图 3-14 所示。

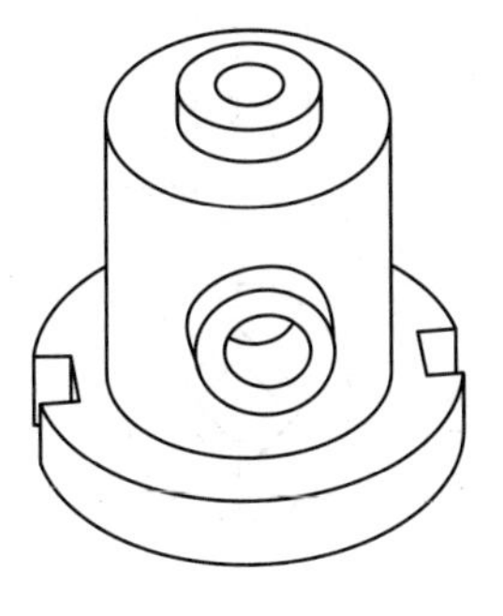

图 3-13 机件的轴测图

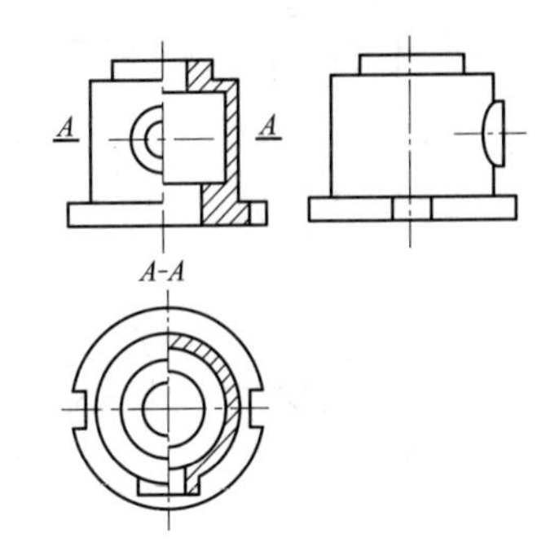

图 3-14 机件的半剖面图

画半剖面图时，应特别注意：

（1）半个视图与半个剖面图在对称平面位置处以细点画线为分界线，不可画成其他图线。

（2）半个视图重点表达外形，其内形的虚线不画；半个剖面图重点表达内形，其移去的外形的轮廓线不画。

（3）当机件的形状对称但外形较简单时，宜采用全剖面图，如图 3-15 所示。

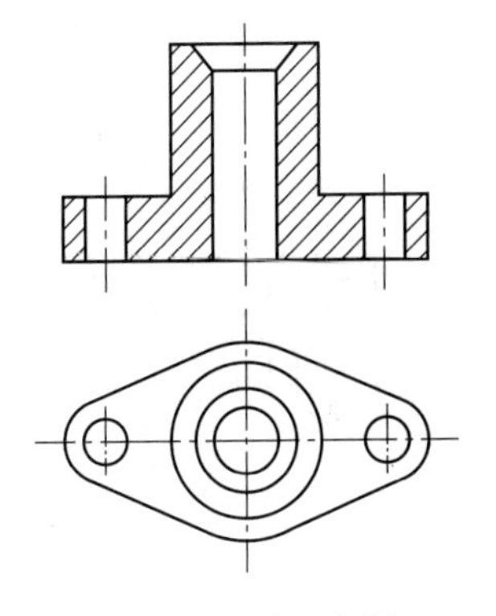

图 3-15 采用全剖面图的对称构件

（4）在对称平面位置处，正好有可见的轮廓线时（应画成粗实线，与点画线重合），不宜采用局部剖面图，如图 3-16 所示。

3. 局部剖面图

用剖切面局部地剖开形体所得的剖面图叫做局部剖面图，简称局部剖面。如图 3-17 所示的结构，若采用全剖面不仅不需要，而且画图也麻烦，这种情况宜采用局部剖面。剖切后，其断裂处用波浪线分界以示剖切的范围。

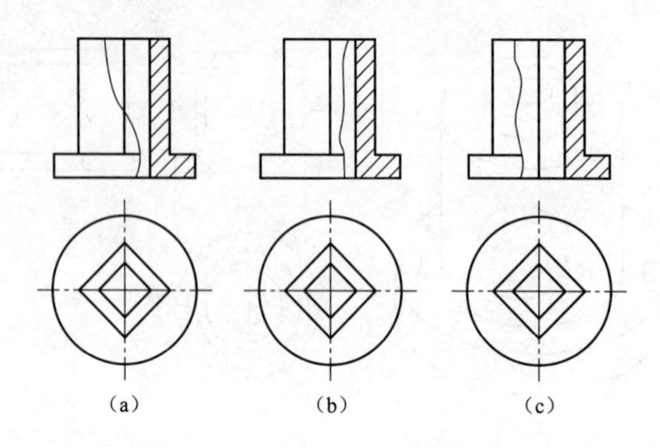

图 3-16 对称机件的局部剖面图

(a) 内外兼顾；(b) 内形不全；(c) 外形不全

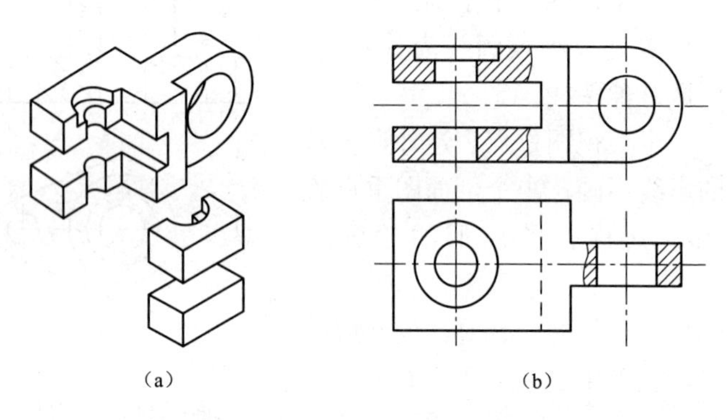

图 3-17 机件的局部剖面图

(a) 实物机件；(b) 机件的局部剖面图

4. 斜剖面图

当形体上倾斜的部分的内形和外形在基本视图上都不能反映其实形时，可以用平行于倾斜部分且垂直于某一基本投影面的剖切面剖切，剖切后再投射到与剖切面平行的辅助投影面上，以表达其内形和外形。这种不用平行于任何基本投影面的剖切面剖开形体所得到的剖面图称为斜剖面图，简称斜剖面，如图 3-18 所示。

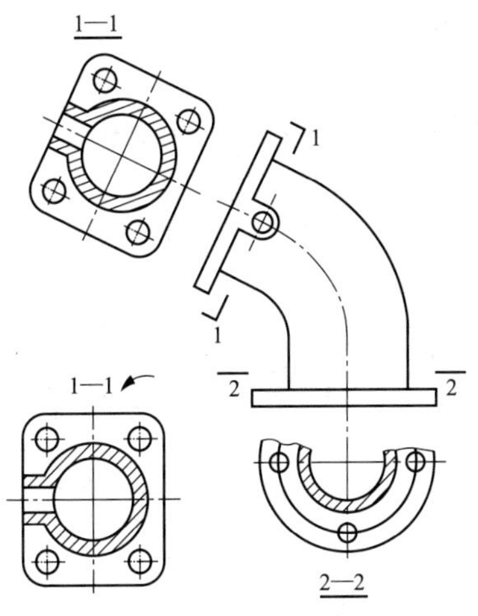

图 3-18　斜剖面图

5. 旋转剖面图

用相交的两剖切面剖切形体所得到的剖面图称为旋转剖面图，简称旋转剖面，如图 3-19 所示。

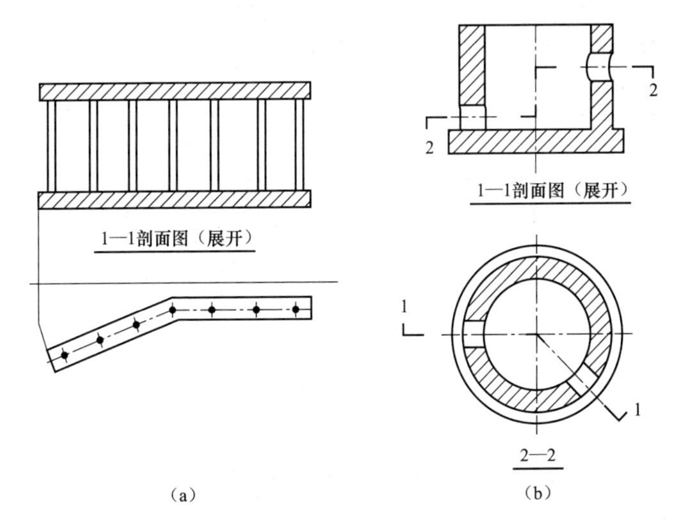

图 3-19　旋转剖面

(a) 水平投影图；(b) 1—1 剖面图（展开）

6. 阶梯剖面图

有些形体内部层次较多，其轴线又不在同一平面上，要把这些结构形状都表达出来，需要用几个相互平行的剖切面相切。这种用几个相互平行的剖切面把形体剖切开所得到的剖面图称为阶梯剖面图，简称阶梯剖面，如图 3-20 所示。

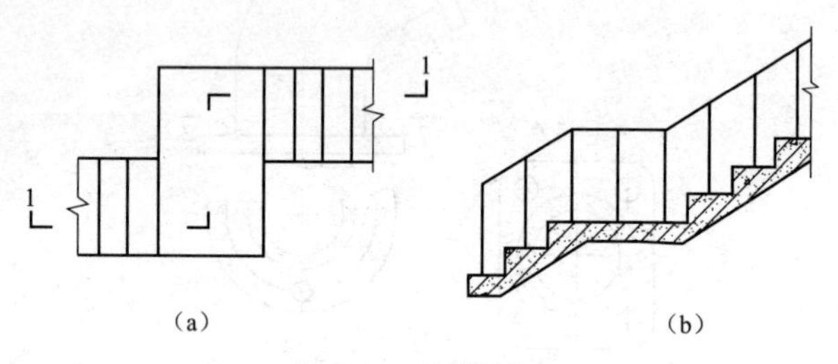

图 3-20 阶梯剖面
(a) 水平投影图；(b) 1—1 剖面图

7. 复合剖面图

当形体内部结构比较复杂，不能用上述剖切方法的一种表示形体时，需要将几种剖切方法结合起来使用。一般情况是把某一种剖面与旋转剖面结合，这种剖面图称为复合剖面图，简称复合剖面，如图 3-21 所示。

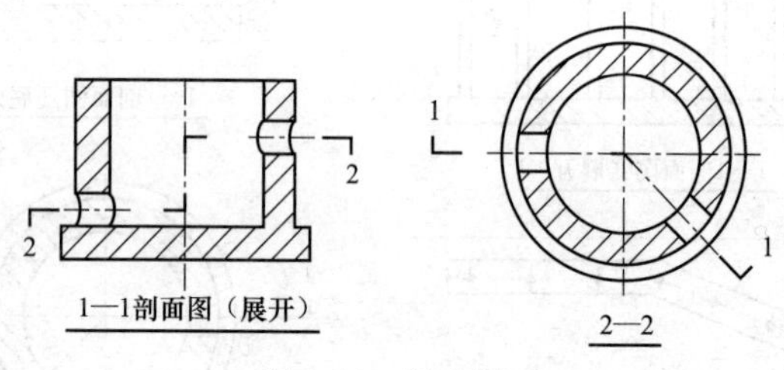

图 3-21 复合剖面

第三节 断 面 图

假想用剖切面将形体切开，剖切面与形体接触的部分，称为截面或断面，截面或断面的投影称为截面图或断面图，如

图 3-22（c）（e）（f）所示。

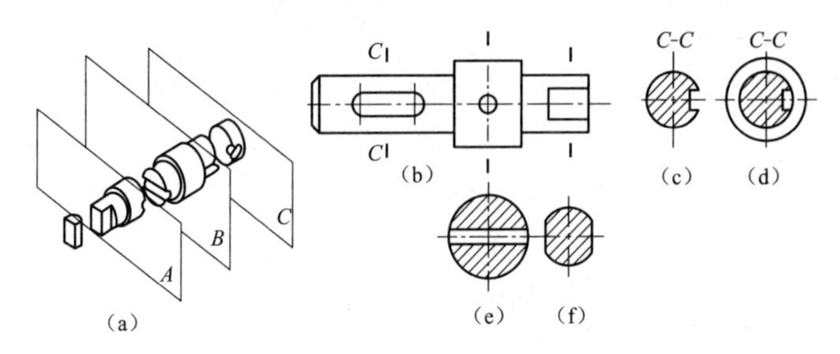

图 3-22 断面图

（a）机件剖切；（b）机件的主视图；（c）断面；（d）剖面；（e）、（f）移出断面图

断面图与剖面图既有区别又有联系，区别在于断面图是一个平面的实形，相当于画法几何中的截断面实形，而剖面图是剖切后剩下的那部分立体的投影。它们的联系在于剖面图中包含了断面图，断面图存在于剖面图之中。断面或截面主要用于表达形体某一部位的断面形状。把断（截）面同视图结合起来表示某一形体时，可使绘图大为简化。断面图的类型包括移出断面图和重合断面图。

一、移出断面

画在视图外的断面图形称为移出断面图，移出断面的轮廓线用粗实线绘制，配置在剖切线的延长线或其他适当位置，如图 3-23 所示。

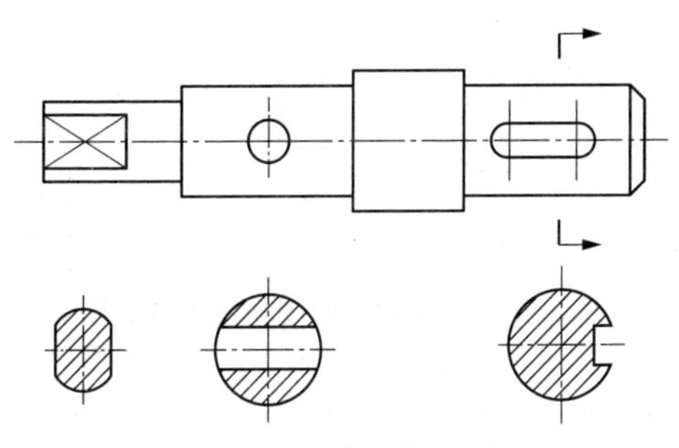

图 3-23 移出断面图

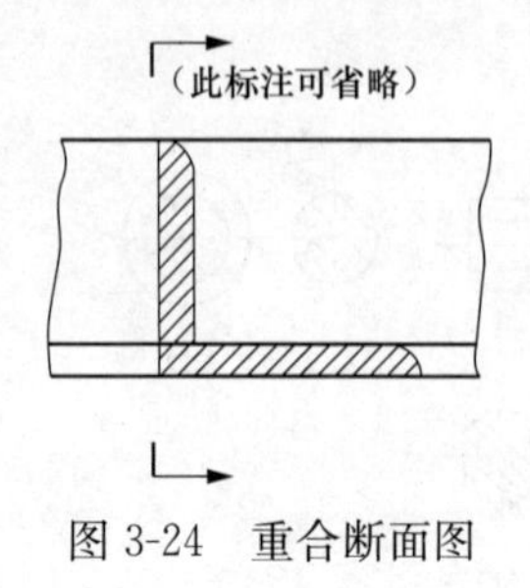

图 3-24 重合断面图

二、重合断面

画在视图内的断面图形称为重合断面图，轮廓线用细实线绘制。当视图中轮廓线与重合断面的图形重叠时，视图中的轮廓线仍应连续画出，不可中断，如图 3-24 所示。

第四节 局部放大图及简化画法

一、局部放大图

将机件的部分结构，用大于原图形的比例画出来的图形称为局部放大图。在绘画局部放大图时应注意以下几点：

（1）局部放大图可画成视图、剖面图或断面图，而且与被放大部位的原表达方式无关，如图 3-25 所示。

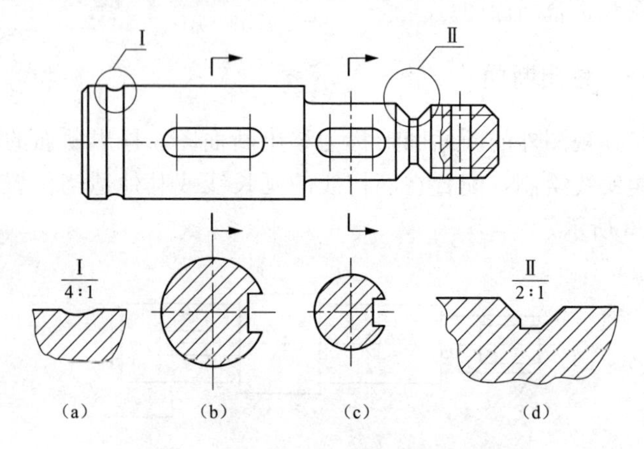

图 3-25 机件的断面图与局部放大图

（2）局部放大图应尽量配置在被放大部位的附近。

（3）绘制局部放大图时，除螺纹牙型、齿轮和链轮的齿型外，应按图 3-26 所示用细实线圈出被放大的部位。

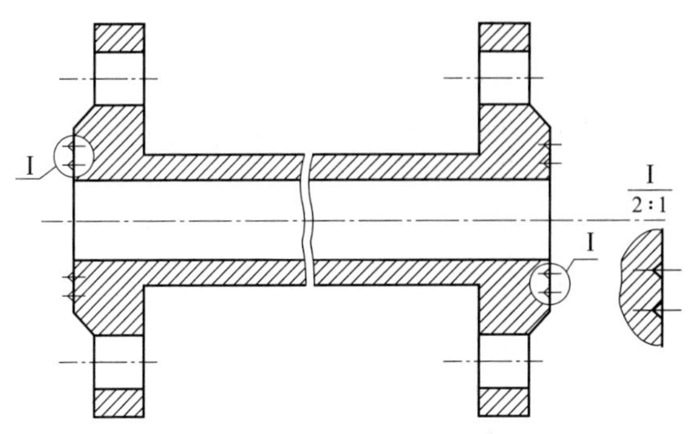

图 3-26 视图对称时的局部放大图

（4）当同一机件上有多个被放大的部分时，必须用罗马数字依次标明被放大的部位，并在局部放大图的上方标注出相应的罗马数字和所放大的比例，如图 3-26 所示。

（5）同一机件上不同部位的局部放大图，当图形相同或对称时，只需画出一个，如图 3-26 所示。

（6）当机件上被放大的部分只有一个时，在局部放大图的上方只需注明所放大的比例，如图 3-27 所示。

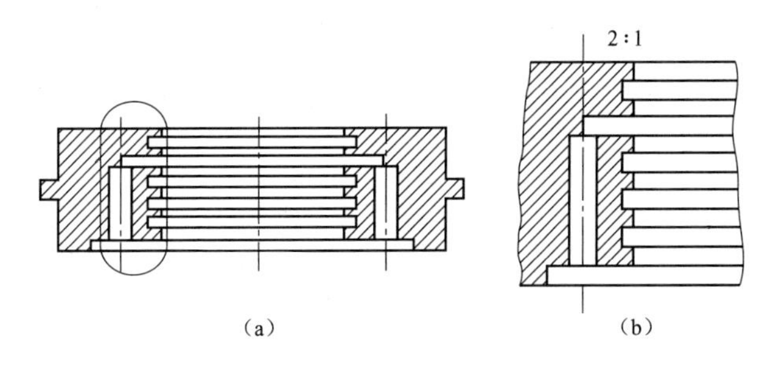

图 3-27 只有一处放大的局部放大图

（a）主视图；（b）视图对称时的局部放大图

二、简化表示法

为了便于识读和绘图，《技术制图 简化表示法》（GB/T

16675.1—2012）对机件的一些常见结构规定了简化画法，这里介绍其中最常见的几种。

（1）当物体具有若干相同结构（孔、齿、槽等），并按一定规律分布时，只需画出几个完整的结构，其余用细点画线或“+”表示其中心位置，如图 3-28 所示。

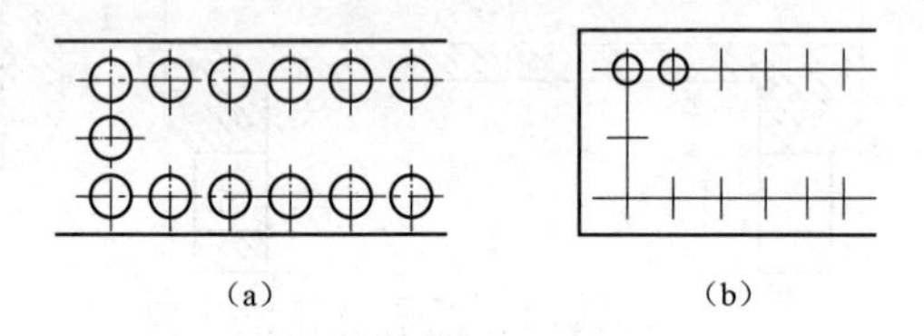

图 3-28 相同结构要素的简化画法

（a）简化前的视图；（b）简化后的视图

（2）较长的机件（轴、杆、型材、连杆等）沿长度方向的形状一致或按一定规律变化时，可断开后缩短绘制，断裂处的边界线可采用波浪线、中断线、双折线绘制，但必须按原来实际长度标注尺寸，如图 3-29 所示。

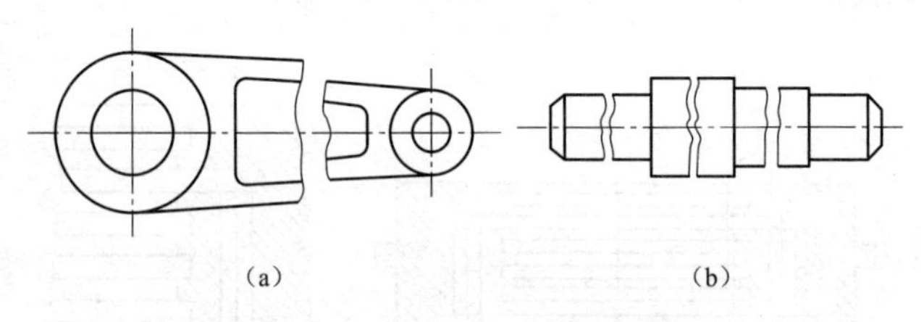

图 3-29 较长机件的断开缩短画法

（a）简化前的视图；（b）简化后的视图

（3）机件上对称架构的局部视图，可按图 3-30 所示的方法绘制，基本对称结构的局部视图也可按对称结构绘制，但应在不对称处加注说明。

（4）当回转体物体上某些平面在图形中不能充分表达时，可用两条相交的细实线表示这些平面，如图 3-31 所示。

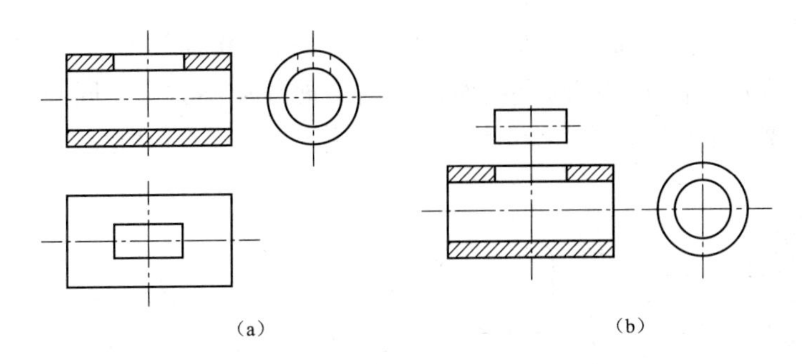

图 3-30 对称结构的局部视图
(a) 简化前的视图;(b) 简化后的视图

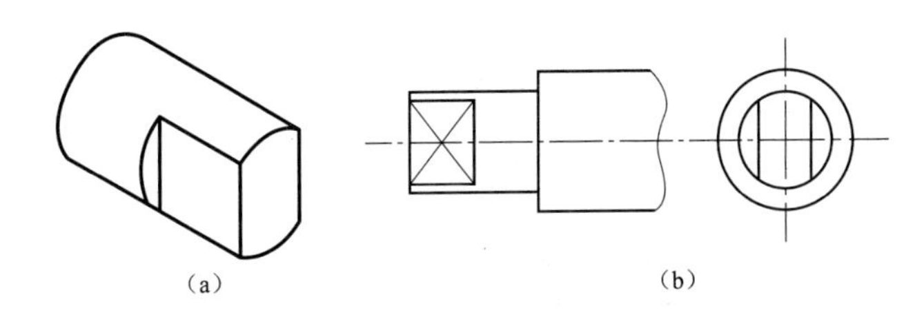

图 3-31 回转体零件上平面的表示法
(a) 机件的轴测图;(b) 回转体零件上平面的表示法

(5) 左右零件和装配件,允许仅画出其中一件,另一件则用文字说明,其中“LH”为左件,“RH”为右件,如图 3-32 (b) 所示。

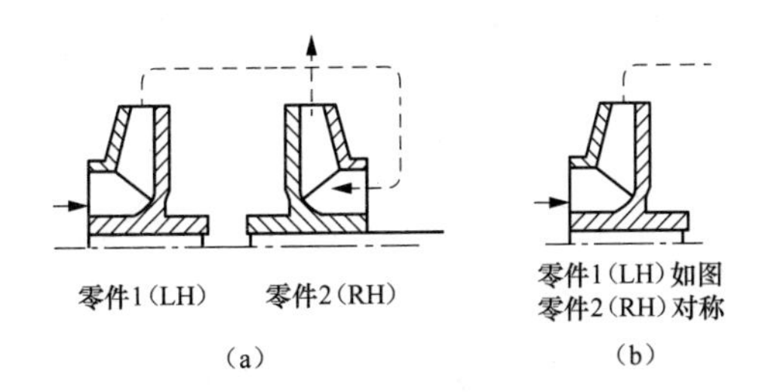

图 3-32 零件图上圆角的简化画法
(a) 简化前的视图;(b) 简化后的视图

（6）在剖面图的剖面区域中，可再做一次局部剖面。采用这种方法表达时，两个剖面区域的剖面线应同方向、同间隔，但要互相错开，并用指引线标注其名称，如图 3-33 所示。

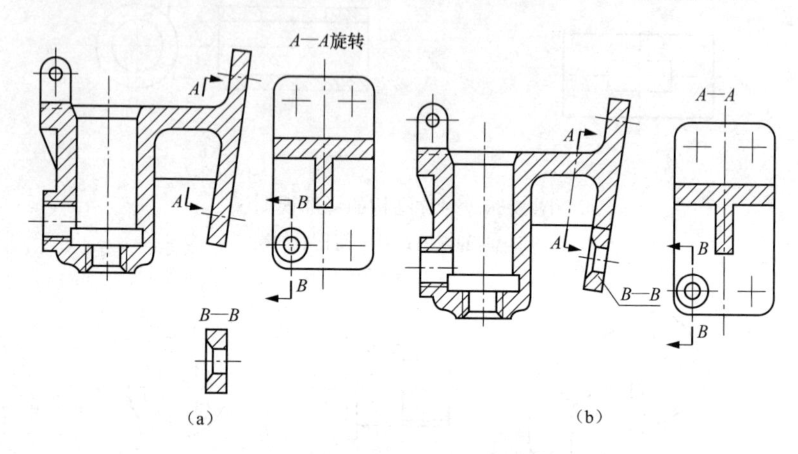

图 3-33 可做一次局部剖面图画法

（a）简化前视图；（b）简化后视图

（7）在零件图中，可以用涂色代替剖面符号，如图 3-34 所示。

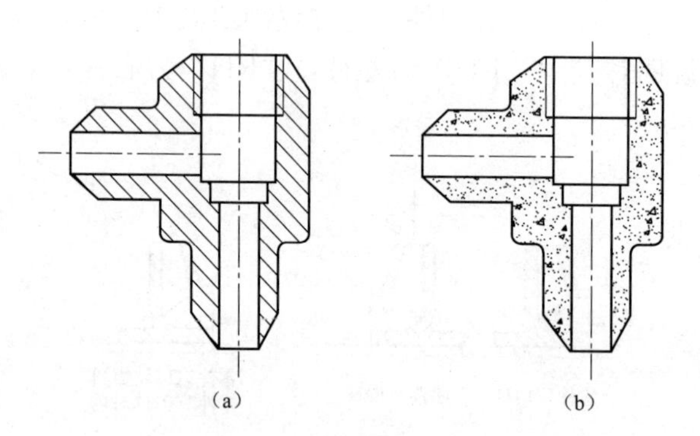

图 3-34 剖面符号代替的画法

（a）简化前的视图；（b）简化后的视图

（8）当机件具有若干相同的结构，如齿、槽等，并按一定规律分布时，只需画出几个完整的结构，其余用细实线连接，在零件图中必须注明该结构的总数，如图 3-35 所示。

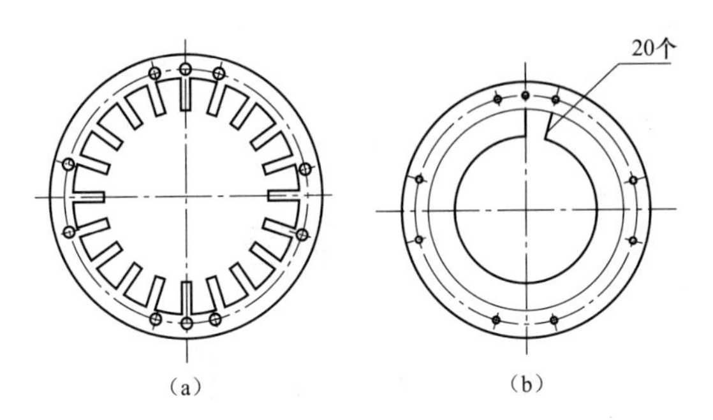

图 3-35 有相同结构的画法

(a) 简化前的视图；(b) 简化后的视图

(9) 当机件上较小的结构及斜度等已在一个图形中表达清楚时，其他图形应当简化或省略，如图 3-36 所示。

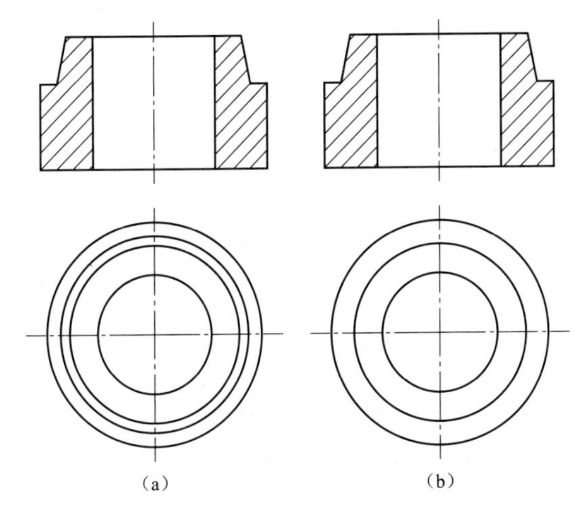

图 3-36 较小的结构及斜度的画法

(a) 简化前的视图；(b) 简化后的视图

第四章

零件图

第一节　特殊零件的表示法

一、螺纹及螺纹紧固件表示法

1. 螺纹的基本知识

螺纹是零件上常见的一种结构，主要用于紧固连接零件、连接管路及传递运动和动力。《机械制图—螺纹及螺纹紧固件表示法》（GB/T 4459.1—1995）规定了螺纹的画法和标注。

（1）螺纹的形成。螺纹是一平面图形（如三角形、矩形、梯形等）在圆柱或圆锥表面做螺旋运动而形成的具有相同断面的连续凸起或凹槽。其中凸起部分的顶端称为牙顶，凹槽部分的底部称为牙底。

（2）螺纹有多种加工方法。螺纹通常是在车床上加工的。当工件在车床上绕轴等速旋转，使刀尖与工件表面接触，并沿着轴线等速移动时，刀具在工件上刻出一道痕迹即为螺旋线，若刀具切入工件一定的深度，即车制成螺纹。当螺纹的直径较小时，可以采用板牙套扣和丝锥攻螺纹加工。当大批量生产螺纹时，还可以碾压而成。

（3）螺纹的分类。螺纹可分为外螺纹和内螺纹。其中，在圆柱或圆锥外表面上加工的螺纹称为外螺纹，如图 4-1（a）所示；在圆柱或圆锥内表面上加工的螺纹称为内螺纹，如图 4-1（b）所示。

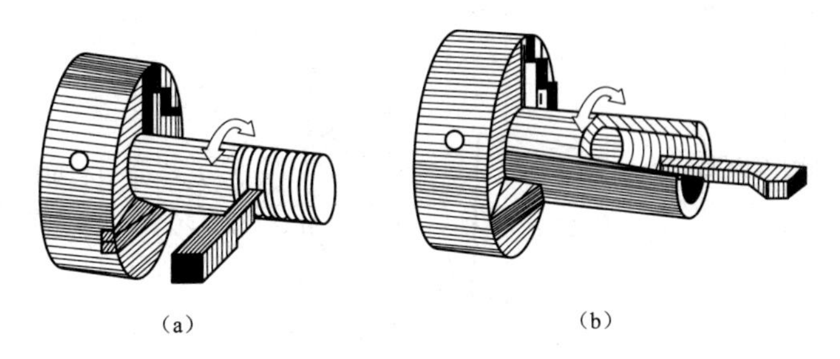

图 4-1 内外螺纹的形成
（a）外螺纹；（b）内螺纹

（4）螺纹的五要素。

1）牙型。沿螺纹轴线剖切，所获得的螺纹剖面的形状称为牙型，常见的牙型有三角形、梯形、锯齿形。其螺纹的类别、特征代号、国标编号及牙型见表 4-1。

表 4-1　　　　标准螺纹的类别

螺纹类别	国标编号	特征代号	牙型	用途
普通螺纹	GB/T 197—2003	M	60°	连接零件
梯形螺纹	GB/T 5796.4—2005	T_r	30°　a_c　H_1　a_c	双向传递运动和动力

续表

螺纹类别	国标编号	特征代号	牙型	用途
锯齿形螺纹	GB/T 5796.4—2008	B	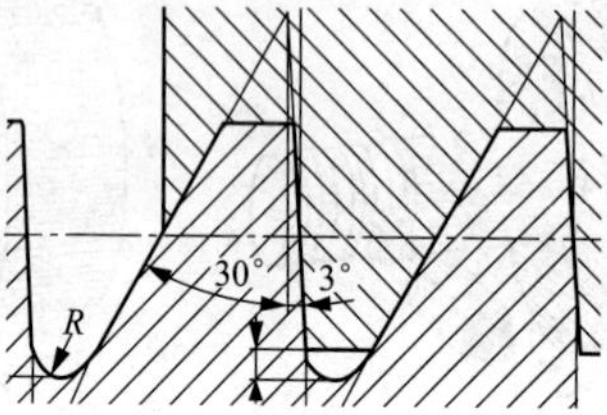	单向传递动力
55°非密封管螺纹	GB/T 12716—2001	G		连接非螺纹密封的低压管路
圆柱内螺纹（55°密封管螺纹）	GB/T 7306.1～7306.2—2000	Rp		连接螺纹密封的中高压管路
圆锥内螺纹（55°密封管螺纹）	GB/T 7306.1～7306.2—2000	Rc	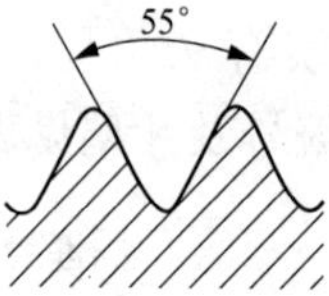	
圆锥外螺纹（55°密封管螺纹）	GB/T 7306.1～7306.2—2000			
圆柱内螺纹（60°密封管螺纹）	GB/T 12716—2011	NPSC	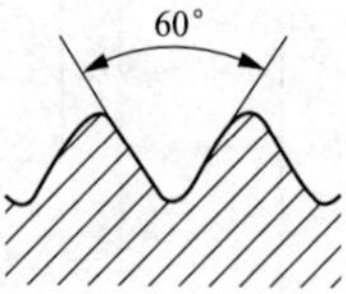	连接螺纹密封的中高压管路
圆锥管螺纹（60°密封管螺纹）	GB/T 12716—2011	NPT		

2）螺纹直径。螺纹的直径有大径、中径和小径。各种直径和代号如图 4-2 所示。

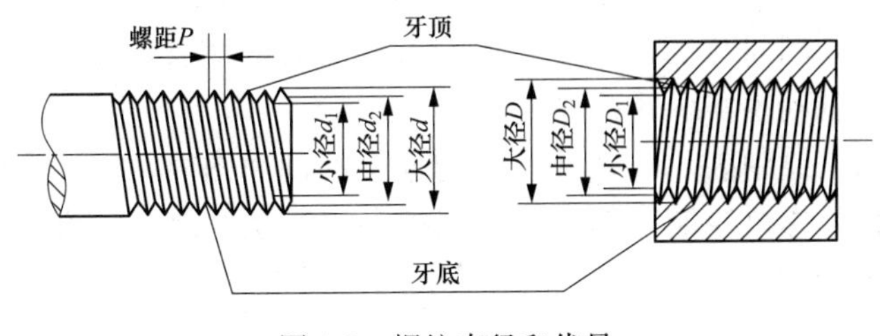

图 4-2　螺纹直径和代号

3）螺距。指相邻两牙在中径线上对应点的轴向距离，用 P 表示。

4）线数。指形成螺纹的螺旋线的条数，螺纹有单线和多线之分，用 n 表示。

单线螺纹——在圆柱面上，沿一条螺旋线形成的螺纹。

多线螺纹——在圆柱面上，沿两条或两条以上并在轴向等距分布的螺旋线形成的螺纹。

5）旋向。指旋进时螺纹的旋转方向，分为右旋和左旋两种。顺时针方向旋进的螺纹称为右旋螺纹，逆时针方向旋进的螺纹称为左旋螺纹，如图 4-3 所示。工程上一般用的是右旋螺纹。

螺纹直径、牙型和螺距应符合国际规定。

2. 螺纹的画法

《机械制图—螺纹和螺纹机件的表示法》（GB/T 4459.1—1995）规定：

（1）螺纹牙顶圆的投影和有效螺纹的终止线用粗实线表示，牙底圆的投影用细实线表示，绘制出螺

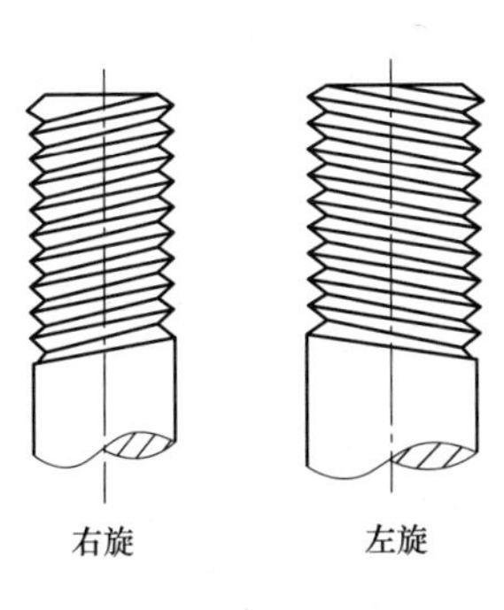

图 4-3　螺纹的旋向

杆的倒角和倒圆。

（2）螺尾部分一般不用绘制，当需要表示时，其螺尾部分可以用与轴线成30°的细实线绘制。

（3）剖面与剖面图中，无论外螺纹或内螺纹，其剖面线都必须绘制到粗实线处。

（4）绘制表示内、外螺纹的连接的剖面图时，其旋合部分必须按外螺纹绘制，其余部分仍按各自画法绘制。外螺纹一般按不剖绘制，如图4-4（a）所示。当需要剖切时，其画法如图4-4（b）所示。内螺纹通常采用剖面绘制，如图4-5（a）所示，不可见的图线用虚线绘制，如图4-5（b）所示。

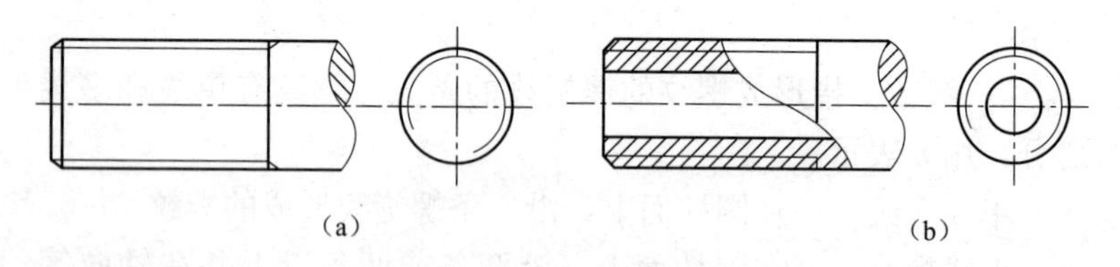

图4-4 外螺纹的画法

（a）不剖切时的画法；（b）剖切时的画法

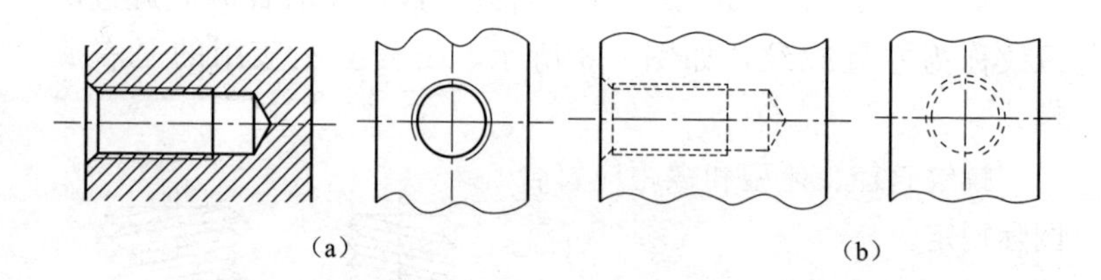

图4-5 内螺纹的画法

（a）剖切时的画法；（b）不剖切时的画法

3. 螺纹的标记

螺纹的完整标记是由螺纹代号、螺纹公差代号和螺纹旋合长度代号三部分组成的。常见的标准螺纹的标记见表4-2。

表 4-2　　常见螺纹的标记

螺纹类别	国标编号	特征代号	标记示例	螺纹副标记示例	附注
普通螺纹	GB/T 197—2003	M	M8×1-LH M8 M1×6×Ph6P2-5g6g-L	M2-6H/5g6g	粗牙不注螺距，左旋时尾加“-LH”；中等公差精度（如 6H、6g）不注公差带代号；中等旋合长度不注 *N*（下同）；多线时注出 *Ph*（导程）*P*（螺距）
小螺纹	GB/T 15054—1994	S	S0.8　4H5 S1.2LH5H3	S0.9 4H5/5h3	标记中末位的 5 和 3 为顶径公差等级，顶径公差带位置仅一种，故只注等级，不注位置
梯形螺纹	GB 5796.4—2005	T_r	Tr40×7-7H Tr40×14（P7）LH-7e	Tr40×7-7H/7e	
米制螺纹	GB/T 1415—2008	ZM	ZM10 ZM10×1 GB/T 1415 ZM10-S		
圆锥管螺纹（60°密封管螺纹）	GB/T 12716—2011	NPT	NPT6		左旋时尾加“-LH”
圆柱内螺纹（60°密封管螺纹）	GB/T 12716—2011	NPSC	NPSC3/4		
55°非密封管螺纹	GB/T 12716—2001	G	G11/2A G1/2-LH	G11/2A	外螺纹公差等级分 A 级和 B 级两种；内螺纹公差等级只要一种。表示螺纹副时，仅需标注外螺纹的标记

续表

螺纹类别	国标编号	特征代号	标记示例	螺纹副标记示例	附注
圆锥外螺纹（55°密封管螺纹）	GB/T 7306.1～7306.2—2000	R1 R2	R13 R23/4	Rc/R23/4 Rp/R13	R1：表示与圆柱内螺纹相配合的圆锥外螺纹 R2：表示与圆锥内螺纹相配合的圆锥外螺纹 内外螺纹均只有一种公差带，故省略不注，表示螺纹副时，尺寸代号只注写一次
圆锥内螺纹（55°密封管螺纹）	GB/T 7306.1～7306.2—2000	Rc	Rc11/2-LH		
圆柱内螺纹（55°密封管螺纹）	GB/T 7306.1～7306.2—2000	Rp	Rp1/2		

4. 螺纹标记的标注

根据螺纹的标记，按照规定形式标注。标准螺纹的标注示例见表4-3。

表4-3　　螺纹标记的标注

螺纹类别	标记示例	标注图例	标记说明
普通螺纹	M16-5g6g	M16-5g6g	普通粗牙外螺纹 省略标准螺距尺寸 省略标注右旋代号 省略标注旋合长度代号“N” 中、顶径公差带不相同，分别标注5g和6g

续表

螺纹类别	标记示例	标注图例	标记说明
普通螺纹	M12×1.5 LH-6H	M12×1.5LH-6H	普通细牙内螺纹 螺距为 1.5mm 标注左旋代号 LH 省略标注旋合长度代号“N” 中、顶径公差带相同，只标注一个代号 6H
梯形螺纹	T_r48×7-6H-L	Tr48×7-6H-L	梯形单线内螺纹 螺距为 7mm 中径公差带代号为 6H 旋合长度代号为 L
	T_r48×14 （P7）-6e	Tr48×14(P7)-6e	梯形双线外螺纹 螺距为 7mm 导程为 14mm 中径公差带代号为 6e 旋合长度代号为 N
锯齿形螺纹	B40×7-7c	B40×7-7c	锯齿形外螺纹 螺距为 7mm 旋合长度代号为 N 中径公差带代号为 6c
管螺纹	G1/2A-LH	G1/2A-LH	55°非密封的外管螺纹 中径的公差等级为 A 级 旋向为左旋，符号为 LH
	RC1/2	RC1/2	55°密封的内管螺纹 旋向为右旋

续表

螺纹类别	标记示例	标注图例	标记说明
螺纹副	M16×1.5 LH-6H/7g	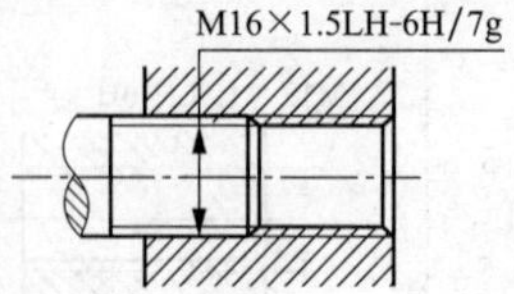 M16×1.5LH-6H/7g	内螺纹：M16×1.5LH-6H 外螺纹：M16×1.5LH-7g

5. 常用螺纹紧固件的表示方法

(1) 螺纹紧固件的定义及分类。专门用于连接的带有螺纹的零件即为螺纹紧固件，常见的螺纹紧固件有螺栓、螺钉、螺柱、螺母和垫圈等。

(2) 螺纹紧固件的完整标记。紧固件的结构形式及尺寸均已标准化，其完整的标记格式为：

名称标准编号-型式（规格）、精度（型式）与尺寸和其他要求-性能等级或材料及热处理-表面处理。

常用的螺纹紧固件的标记见表 4-4。

表 4-4　　常用螺纹的紧固件的标记

螺纹紧固件类别	说明	标注图例
螺栓	螺栓 GB/T 5782—2000 M12×45 A 级六角头螺栓 螺纹规格 d=M12，公称长度 l=45mm	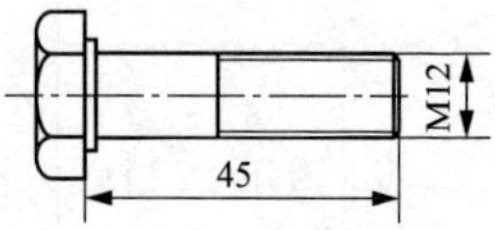 M12 45
双头螺柱	螺栓 GB/T 898—2000 M12×40 B 型双头螺柱 螺纹规格 d=M12，公称长度 l=40mm	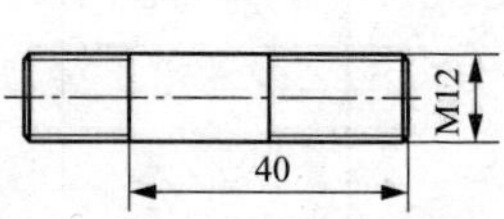 M12 40

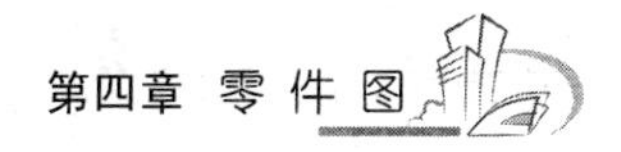

续表

螺纹紧固件类别		说明	标注图例
螺钉	连接螺钉	螺钉 GB/T 65—2000 M10×45 开槽圆柱头螺钉 螺纹规格 d=M10，公称长度 l=45mm	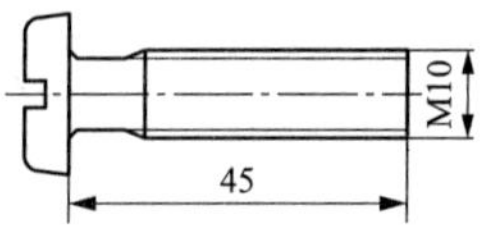
	紧定螺钉	螺钉 GB/T 71—2000 M5×20 开槽锥端紧定螺钉 螺纹规格 d=M5，公称长度 l=20mm	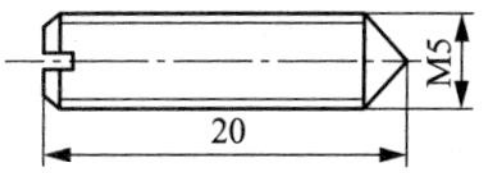
螺母		螺 母 GB/T 6170—2000 M12 A级Ⅰ型六角螺母 螺纹规格 D=M12	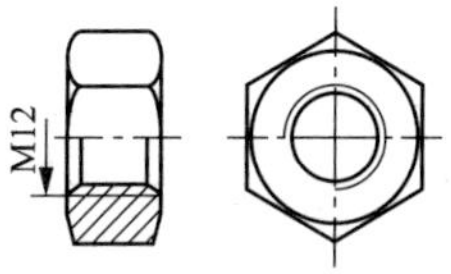
垫圈	平垫圈	垫 圈 GB/T 97.1—2000 12 A级平垫圈 公称尺寸（螺纹规格，即与之配套使用的螺纹的公称尺寸）d=12mm	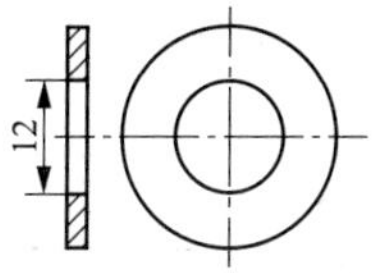
	弹簧垫圈	垫圈 GB/T 93—2000 12 标准型弹簧垫圈 公称尺寸（螺纹大径）d=12mm	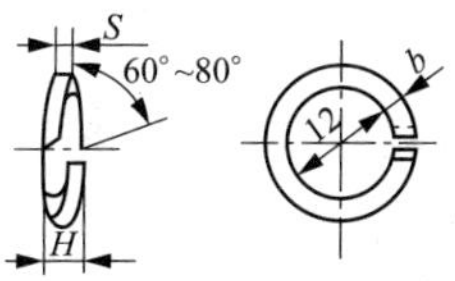

螺纹紧固件的绘制方法有查表法和比例法。查表法是指根据螺纹紧固件的标记从相应的国际标准中查出其有关的结构形状和具体尺寸。比例法是指以螺纹紧固件上螺纹的公称尺寸为基准，其余部分结构尺寸按与公称尺寸成一定比例关系进行绘图。在实际绘图中，通常采用比例法绘图。六角头螺栓、六角螺母和平垫圈的比例画法见表 4-5。

表 4-5　　　六角头螺栓、螺母和平垫圈的比例画法

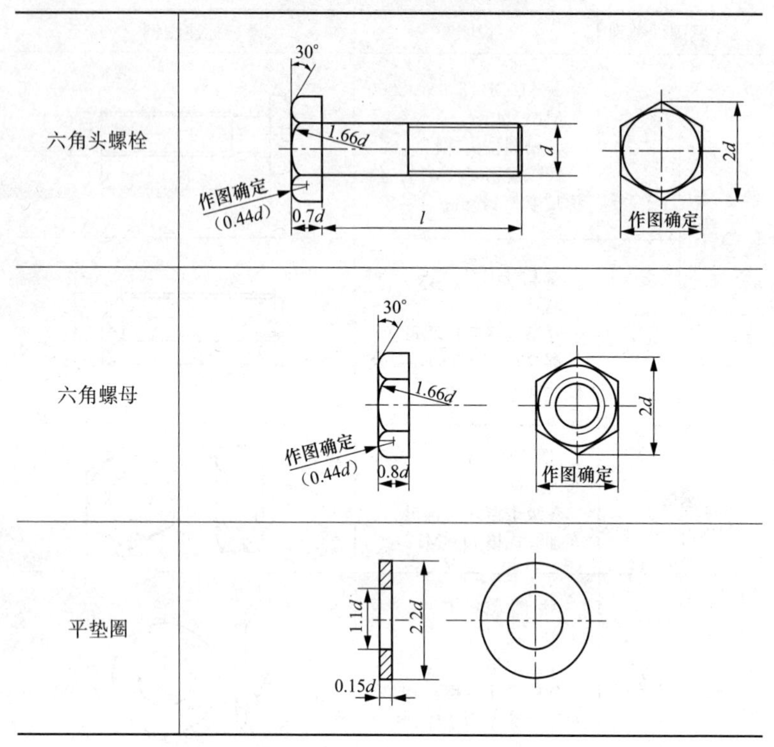

二、齿轮表示法

齿轮是机器设备中常见的一种传动件，其部分结构和尺寸已经标准化。在工作时间，齿轮通常是成对使用的。齿轮的用途很广泛，按用途可以分为圆柱齿轮、锥齿轮和蜗轮蜗杆。圆柱齿轮按轮齿齿线方向可以分为直齿圆柱齿轮、斜齿圆柱齿轮和人字齿圆柱齿轮。

1. 直齿圆柱齿轮各部分名称和代号

直齿圆柱齿轮各部分的名称和代号如图 4-6 所示。

齿顶圆——通过齿轮各轮齿齿顶端的圆。齿顶圆直径用 d_a 表示。

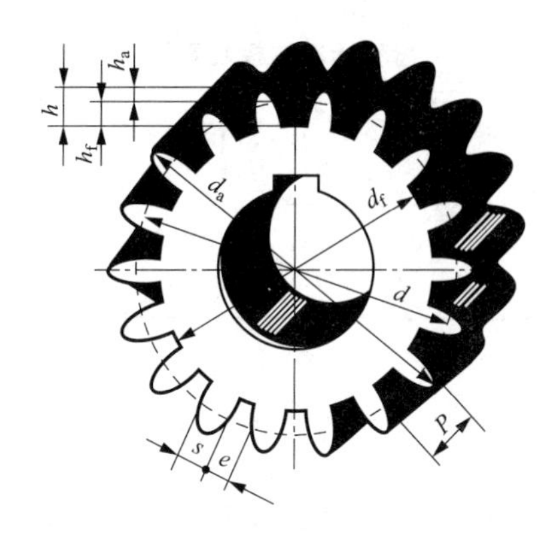

图 4-6　直齿圆柱齿轮各部分的名称和代号

齿根圆——通过齿轮各轮齿齿根部的圆。齿根圆直径用 d_f 表示。

分度圆——位于齿顶圆和齿根圆之间、齿厚 s 与齿槽宽 e 相等的假想圆。分度圆是分度和确定轮齿尺寸的基准圆，其直径用 d 表示。

齿厚——在分度圆上，每个轮齿两侧齿廓之间的弧长。齿厚用 s 表示。

齿槽宽——在分度圆上，两相邻轮齿齿廓之间的弧长。齿槽宽用 P 表示。

齿根高——分度圆与齿根圆的径向距离。齿根高用 h_f 表示。

2. 基本参数

（1）齿数。齿轮上轮齿的个数，用 Z 表示。

（2）模数，用公式 4-1 表示。

$$\begin{aligned}\pi d &= ZP \\ d &= (P/\pi)Z\end{aligned} \tag{4-1}$$

式中　P/π——齿轮的模数（mm），用 m 表示。

模数是齿轮设计计算和制造的重要参数，国家标准对模数进行了统一规定，标准模数系列见表 4-6。

表 4-6　　齿轮标准的模数系列

第一系列	0.1，0.2，0.25，0.3，0.4，0.5，0.6，0.8，1，1.25，1.5，2，2.5，3，4，5，6，8，10，12，16，20，25，32，40，50
第二系列	0.35，0.7，0.9，1.75，2.25，2.75，（3.25），3.5，（3.75），4.5，5.5，（6.5），7，9，（11），14，18，22，28，36，45

3. 尺寸关系

标准直齿圆柱齿轮各部分尺寸的计算公式见表 4-7。

表 4-7　　标准直齿圆柱齿轮各部分尺寸的计算公式

基本参数	名称	代号	尺寸计算公式
模数 m 齿数 Z 压力角 20°	分度圆直径	d	$d=m\times Z$
	齿顶圆直径	d_a	$d_a=m\times(Z+2)$
	齿根圆直径	d_f	$d_f=m\times(Z-2.5)$
	齿顶高	h_a	$h_a=m$
	齿根高	h_f	$h_f=1.25m$
	齿高	h	$h=h_a+h_f=2.25m$
	啮合两齿轮的中心距	a	$a=\frac{d_1+d_2}{2}=\frac{m(Z_1+Z_2)}{2}$

4. 齿轮的规定画法

（1）齿轮的齿顶圆和齿顶线用粗实线绘制，如图 4-7 所示。

（2）齿轮的分度圆和分度线用细点画线绘制，如图 4-7 所示。

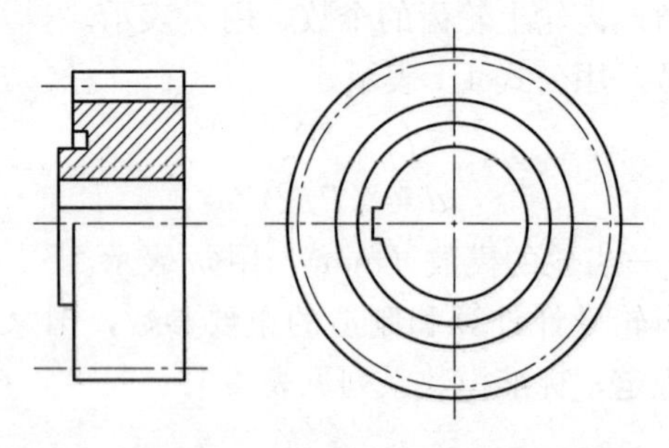

图 4-7　单个齿轮的画法

（3）齿轮的齿根圆和齿根线用细实线绘制，也可省略不画；在剖面图中，齿根线用粗实线绘制，如图 4-7 所示。

（4）在齿轮的剖面图中，剖切平面通过齿轮的轴线时，轮齿一律按不剖绘制，即轮齿部分不画剖面线，如图 4-7 所示。

（5）当需要表示齿线的特征时，可用三条与齿线方向一致的细实线表示，直齿则不需表示，如图 4-8 所示。

（6）当需要标明齿形时，可在图形中画出一个或两个齿，或用适当比例的局部放大图表示，如图 4-8 和图 4-9 所示。

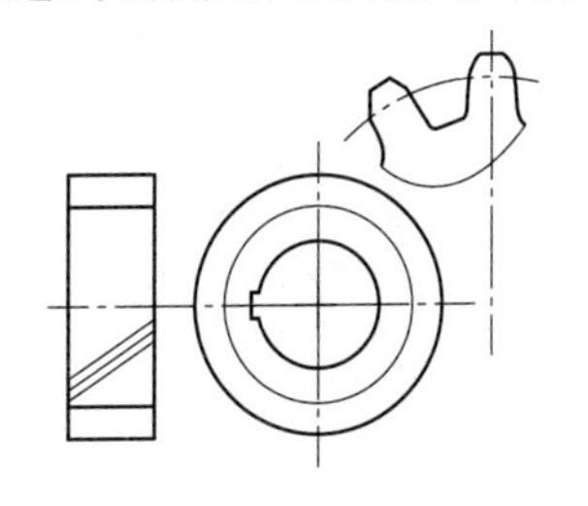

图 4-8　齿形和齿线的齿轮画法　　　　图 4-9　齿形的圆柱齿轮画法

5. 圆柱齿轮的画法

齿轮是成对使用的，啮合两齿轮的模数和压力角必须相等，而且在啮合两齿轮的连心线一对线速度相等、相切的圆，此相切的两圆即称为节圆。对于正确安装的标准齿轮，与节圆重合，节圆直径用 d 表示，如图 4-10 所示。

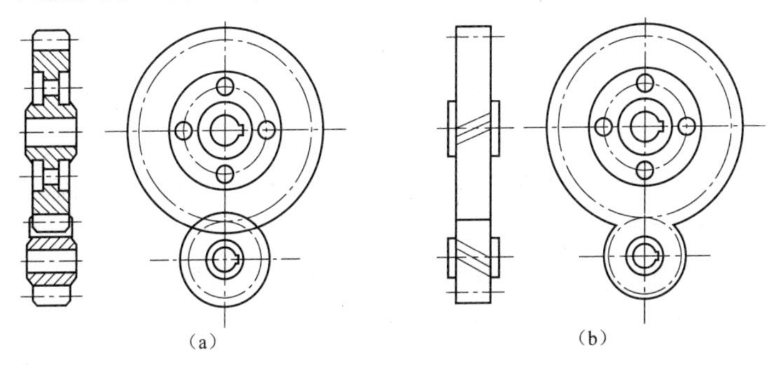

图 4-10　齿轮外啮合的画法

（a）外啮合时的剖面画法；（b）外啮合时的不剖面画法

三、弹簧表示法

弹簧是机器、仪表上常用的零件。弹簧主要用于调节动力，缓冲减振，承受冲击，储存能量。

弹簧的种类很多，有螺旋弹簧、板弹簧和涡卷弹簧等。最常用的是螺旋弹簧，而螺旋弹簧又分为扭转弹簧、拉伸弹簧和压缩弹簧，如图 4-11 所示。

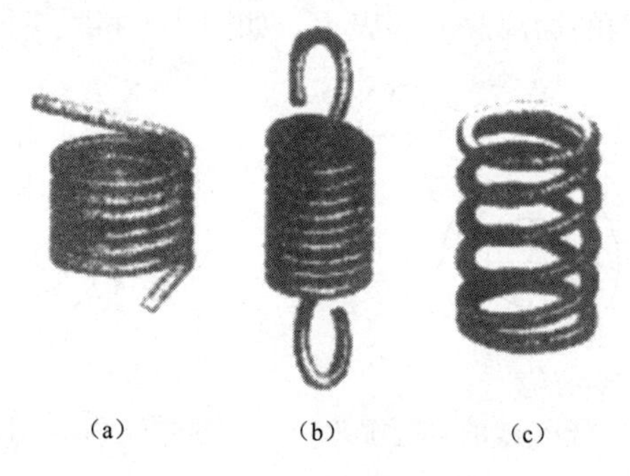

图 4-11 螺旋弹簧的种类
(a) 扭转弹簧；(b) 拉伸弹簧；(c) 压缩弹簧

1. 圆柱螺旋弹簧的有关名称和相互尺寸关系

(1) 簧丝直径 d：制造弹簧的钢丝直径。

(2) 弹簧外径 D：弹簧的最大直径。

(3) 弹簧内径 D_1：弹簧的最小直径，$D_1=D-2d$。

(4) 弹簧中径 D_2：弹簧的平均直径，$D_2=(D+D_1)/2=D_1+d=D-d$。

(5) 节距 t：除两端的支撑圈外，螺旋弹簧相邻两圈截面中心线的轴向距离。

(6) 圈数包含支撑圈数、有效圈数和总圈数。

1) 支撑圈数 n_2——为了使弹簧压缩时受力均匀，保证中心轴线垂直于支撑面，在制造时将弹簧两端并紧且磨平。这种不起弹力作用，具备支撑作用的弹簧圈即为支撑圈。支撑圈有 1.5

圈、2 圈和 2.5 圈三种，大多数弹簧的支撑圈数 $n_2=2.5$。

2）有效圈数 n——保持节距相等（除支撑圈）的圈数，是计算弹簧受力的主要依据。

3）总圈数 n_1——支撑圈数与有效圈数的总和，即 $n_1=n_2+n$。

（7）自由高度 H_0。在没有外力作用（弹簧处于自由状态）时，弹簧的高度计算式为：

$$H_0 = nt + (n_2 - 0.5)d \tag{4-2}$$

（8）展开长度 L。弹簧钢丝展开的长度，即坯料的长度计算式为：

$$L = n_1 \sqrt{(\pi D_2)^2 + t_2} \tag{4-3}$$

（9）旋向。弹簧丝的螺旋方向，分为左旋和右旋两种。

2. 标记

弹簧的完整标记由弹簧的名称、形式、尺寸、标准编号、材料牌号和表面处理几部分构成。例如，簧丝直径 8mm、弹簧中径为 28mm、自由高度为 74mm、自由高度和外径的精度为 2 级、碳素弹簧钢丝 B 级、表面镀锌处理、右旋的 YA 型的弹簧标记为：YA6×26×72-2GB/T 2889—1994B 级-D-Z_N。

圆柱螺旋压缩弹簧的视图、剖面图和示意图见表 4-8。

表 4-8　圆柱螺旋压缩弹簧的视图、剖面图和示意图

视图	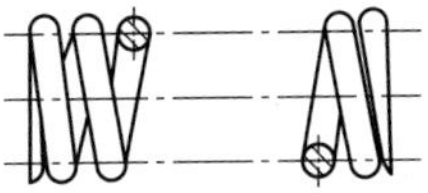
剖面图	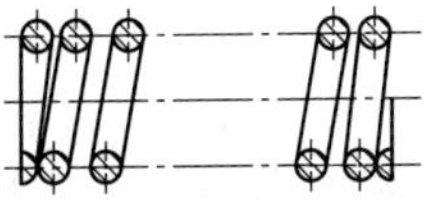
示意图	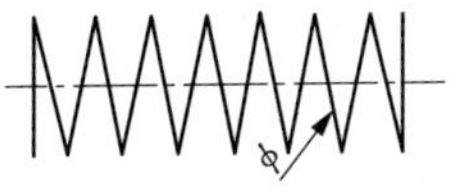

根据规定，圆柱螺旋压缩弹簧的绘制步骤如图 4-12 所示。

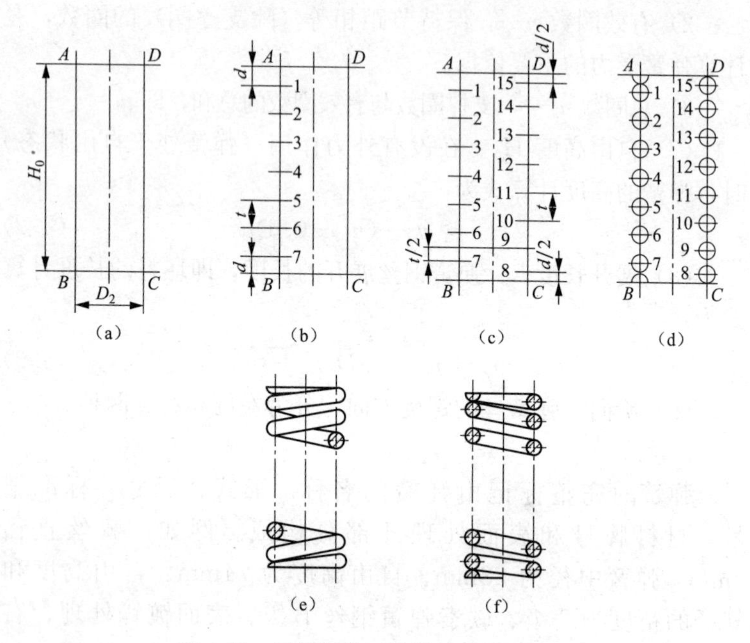

图 4-12　圆柱螺旋压缩弹簧的绘制步骤

(1) 根据圆柱螺旋压缩弹簧的标记及弹簧中径 D_2 和自由高度 H_0 绘制出矩形 $ABCD$，如图 4-12 (a) 所示；

(2) 计算出有效圈数（以 $n=6$ 为例），在 AB 上取 $A1=B7=d$ 得 1、7 两点，并在 1 点与 7 点之间进行六等分，每等分长为节距 t，得 2、3、4、5、6 点，如图 4-12 (b) 所示；

(3) 在 CD 上取 $C8=D15=d/2$ 得 8、15 两点，并过 6 和 7 的中点作水平线交 CD 于 9 点，同时从 9 点起根据节距 t 的长度在 CD 上分别取点 10、11、12、13、14，如图 4-12 (c) 所示；

(4) 以 1～15 各点为圆心、d 为直径画圆，以 A、B 两点为圆心，以 d 为直径画半圆如图 4-12 (d) 所示；

(5) 按螺旋方向绘制各圆的切线，完成弹簧的绘制，图 4-12 (e) 所示即为弹簧视图，图 4-12 (f) 所示即为弹簧的剖面图。

在装配图中，圆柱螺旋弹簧的画法如图 4-13 所示。

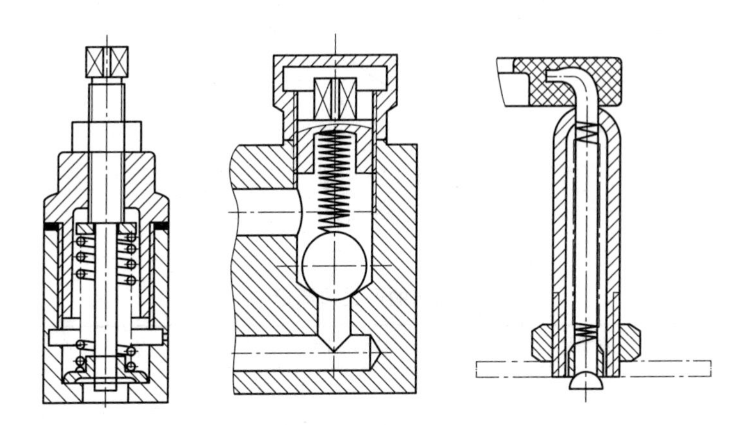

图 4-13 装配图中弹簧的画法

画装配图时应该注意以下几点：

（1）被弹簧遮挡的结构不必绘制，而未遮挡部分必须从弹簧的外轮廓线或弹簧钢的剖面的中心线画起；

（2）圆柱螺旋弹簧的型材直径或厚度小于等于 2mm，或当被切弹簧的直径小于等于 2mm 且弹簧内部还有零件时，允许用示意图表示；

（3）圆柱螺旋弹簧被剖切时，若剖面直径或厚度小于等于 2mm，也允许用涂黑表示。

四、键、销联接

1. 键联接

用于连接轴和轴上的传动件叫键，主要起传递转矩的作用，如齿轮、带轮等。常见的键有普通平键、半圆键、钩头楔键等，如图 4-14 所示。

键是标准件，键的结构和尺寸可以根据轴径在相应的国家标准中查阅。常用键的形式和标记见表 4-9。

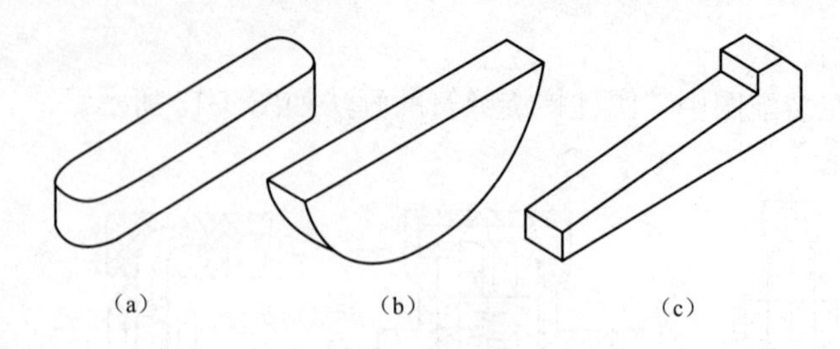

(a) (b) (c)

图 4-14 键

(a) 普通平键；(b) 半圆键；(c) 钩头楔键

表 4-9 常用键的形式和标记

名称	标准编号	结构简图	标记示例
普通平键	GB/T 1096—2003		键 8×40（GB/T 1096—2003） 圆头普通平键（A 型） b = 8mm、h = 7mm、l=40mm
半圆键	GB/T 1099—2003		键 6×25（GB/T 1099—2003） 半圆键 b = 6mm、d = 25mm
钩头楔键	GB/T 1565—2003		键 8×40（GB/T 1565—2003） 钩头楔键 b = 8mm、l = 40mm

普通平键联接的绘图步骤如图 4-15 所示。

（1）根据轴的直径和《平键及键槽的剖面尺寸》（GB/T 1095—2003）确定键和键槽的尺寸。

（2）绘制带键槽的轴，如图 4-15（a）所示。

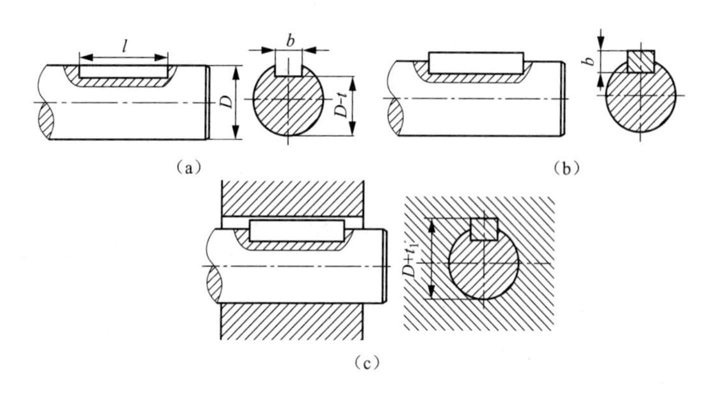

图 4-15　普通平键联接的绘图步骤

（a）绘制带键槽的轴；（b）加入键；（c）完成键联接图

（3）将键放入轴的键槽内，如图 4-15（b）所示。

（4）将键和轴套进带键槽的轮孔中，如图 4-15（c）所示。

2. 销联接

销主要用于零件的连接和定位。常用的销有圆柱销、圆锥销和开口销。开口销常与槽型螺母配合使用，起防松作用。销结构和尺寸可以在相应的标准中查阅，如圆柱销在《圆柱销不淬硬钢和奥氏体不锈钢》（GB/T 119.1—2000）中的标记，如图 4-16 所示。

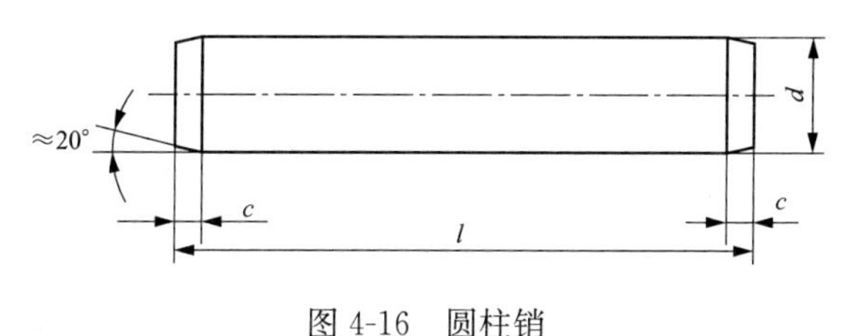

图 4-16　圆柱销

标记示例：

销 10m6×90（公称直径 $d=10$、公称长度为 90、公差为 m6、材料为钢，不经淬火、不经表面处理的圆柱销）。

圆柱销相关数据查找见表 4-10。

表 4-10　　圆柱销相关数据　　单位：mm

d公称	2	3	4	5	6	8	10	12	16	20	25
c≈	0.35	0.5	0.63	0.8	1.2	1.6	2	2.5	3	3.5	4
l范围	6～20	9～30	8～40	10～50	12～60	14～80	18～95	22～140	26～180	35～200	50～200
l系列	2，3，4，5，6～32（2进位），35～100（5进位），120～200（20进位）										

3. 常用销的型式和标记

常用销的型式和标记见表 4-11。

表 4-11　　常见销的型式和标记

名称	标准编号	结构简图	标记示例
圆柱销	GB/T 119.1—2000	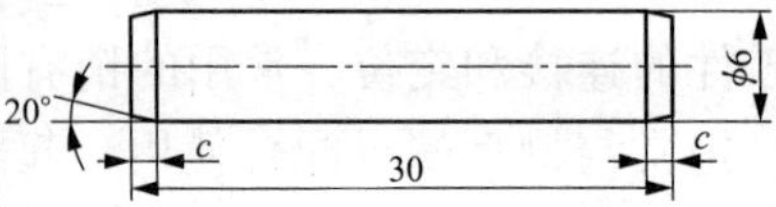 20°　c　30　c　$\phi6$	销 6m 6×30—A1（GB/T 119.1—2000） 圆柱销 公称直径 d=6mm、公称长度 l= 30mm、公差为 m6、材料为A1组奥氏体不锈钢 公差带有 4 种：m6、h8、h11、U8
圆锥销	GB/T 117—2000	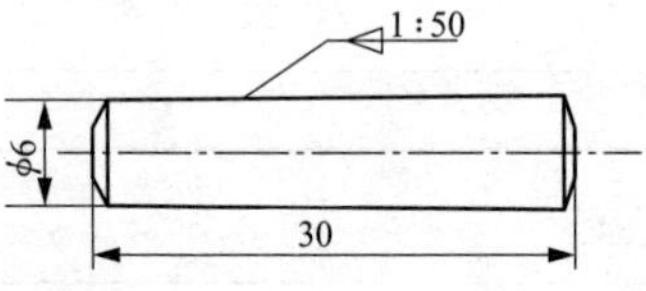 1∶50　$\phi6$　30	销 6×30（GB/T 117—2000） A 型圆锥销 公称直径 d=6mm、公称长度l=30mm
开口销	GB/T 91—2000	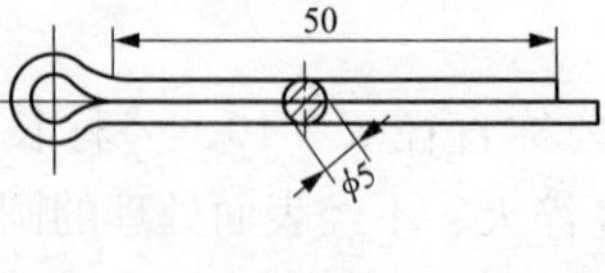 50　$\phi5$	销 5×50（GB/T 91—2000） 开口销 公称直径为 5mm、公称长度 l=50mm

4. 销联接的画法

如图 4-17（a）所示为圆柱销的画法；如图 4-17（b）所示为圆锥销的画法。

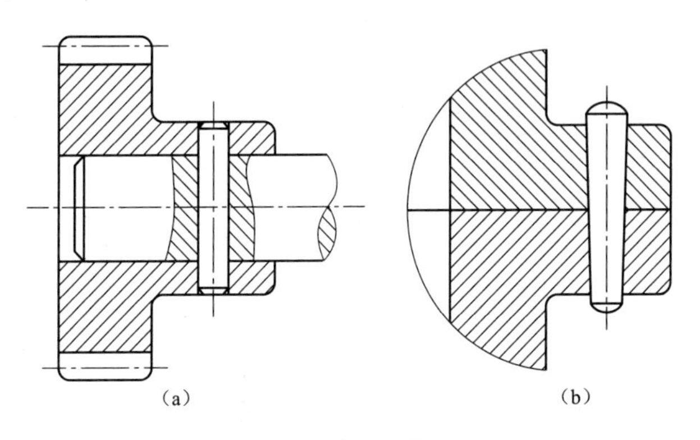

图 4-17　销连接的画法

（a）圆柱销的画法；（b）圆锥销的画法

绘图时应注意：

（1）在剖面图中，当剖切平面沿销轴线剖切时，作不剖处理，不画剖面线。

（2）销连接后，销与销孔没有间隙，连接图上应绘制成一条线。

五、滚动轴承表示法

1. 滚动轴承的种类

滚动轴承是支撑轴的部件，一般由外圈、内圈、滚动体和隔离圈等四部分组成。滚动轴承是标准件，它摩擦力小、结构紧凑，广泛应用于各种机械、仪表和设备中。其结构形式和尺寸已全部标准化，由专门工厂生产，使用单位按要求选用即可。

（1）按滚动轴承承受载荷的方向或公称接触角的大小，滚动轴承可分为向心轴承和推力轴承。

（2）按滚动轴承的滚动体的种类，滚动轴承可分为球轴承和滚子轴承。

(3) 按滚动轴承的滚动体的排列，滚动轴承可分为单列轴承、双列轴承和多列轴承。

2. 滚动轴承的代号

(1) 轴承类型代号见表 4-12。

表 4-12 轴承的类型代号

轴承类型	轴承类型代号	轴承类型	轴承类型代号
双列角接触球轴承	0	深沟球轴承	6
调心球轴承	1	角接触球轴承	7
调心滚子轴承	2	推力圆柱滚子轴承	8
推力调心滚子轴承		单列圆柱滚子轴承	N
圆锥滚子轴承	3	双列或多列圆柱滚子轴承	NN
双列深沟球轴承	4	外球面球轴承	U
推力球轴承	5	四点接触球轴承	QJ

(2) 推力轴承和向心力轴承的尺寸系列代号见表 4-13。

表 4-13 推力轴承和向心力轴承的尺寸系列代号

直径代号	推力轴承的高度代号				向心轴承的宽度代号							
	1	2	7	9	0	1	2	3	4	5	6	8
	尺寸系列代号											
7	—	—	—	—	—	17	—	37	—	—	—	—
8	—	—	—	—	08	18	28	38	48	58	68	—
9	—	—	—	—	09	19	29	39	49	59	69	—
0	10	—	70	90	00	10	20	30	40	50	60	—
1	11	—	71	91	01	11	21	31	41	51	61	—
2	12	22	72	92	02	12	22	32	42	52	62	82
3	13	23	73	93	03	13	23	33	—	—	—	83
4	14	24	74	94	04	—	24	—	—	—	—	—
5	—	—	—	95	—	—	—	—	—	—	—	—

(3) 内径代号用数字表示，轴承公差内径的内径代号见表 4-14。

表 4-14　　轴承公差内径的内径代号

公称内径/mm	内径代号	备注
0.6～10（非整数）	用公称内径的大小（mm）直接表示	尺寸系列代号与内径代号之间用“/”分开
1～9（整数）	用公称内径的大小（mm）直接表示	直径系列为 7、8、9 的深沟球轴承和角接触球轴承，其尺寸系列代号与内径代号之间用“/”分开
10	00	
12	01	
15	02	
17	03	
20～480（22、28、32 除外）	用公称内径除以 5 的商数表示	商数是个位数时，在商数的左边添加“0”

3. 滚动轴承的画法

（1）通用画法。在剖面图中，当不需要确切地表示滚动轴承的外形轮廓、载荷和结构特征时，可采用通用画法绘制。

在剖面图中，当需要确切地表示滚动轴承的外形时，应绘制其剖面轮廓，并在轮廓中央画出正立的十字形符号，且十字线框不与矩形线框接触。通用画法应绘制在轴的两侧，通用画法的比例关系如图 4-18 所示。

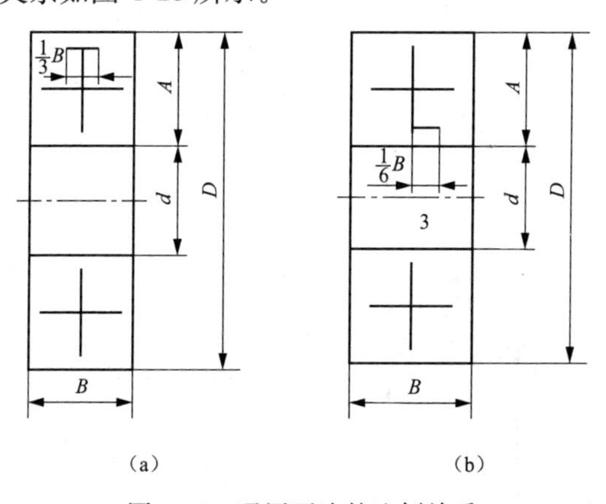

图 4-18　通用画法的比例关系

（a）外圈无挡边；（b）内圈有单挡边

（2）规定画法。必要时，在滚动轴承的产品图样、产品样本、用户手册和使用说明书中可采用规定画法。

规定画法一般绘制在轴的一侧，而另一侧则采用通用画法绘制滚动轴承。部分滚动轴承的规定画法的比例关系见表4-15。

（3）特征画法。在剖面图中，当需要形象地表示滚动轴承的结构特征时，采用特征画法绘制。

特征画法应绘制在轴的两侧。部分滚动轴承的特征画法的比例关系见表4-15。

（4）图示符号。当只需要用符号表示滚动轴承时，可以采用图示符号表示，如传动系统图、工作原理图和设计方案图等，见表4-15。

表4-15 部分滚动轴承的规定画法、特征画法的比例关系及图示符号

轴承类型国家标准编号	规定画法	特征画法	图示符号
深沟球轴承 GB/T 296—1994	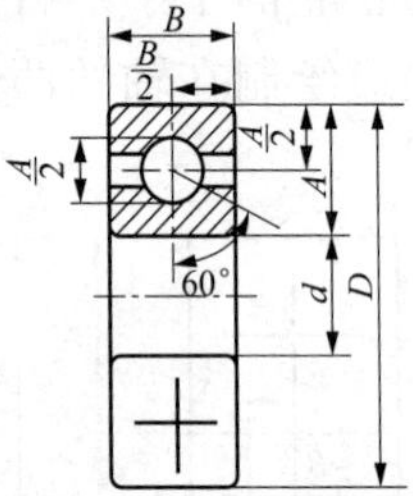 B, $\frac{B}{2}$, $\frac{A}{2}$, $\frac{A}{2}$, A, 60°, d, D	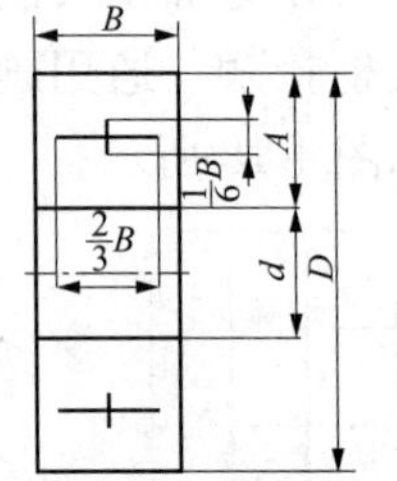 B, A, $\frac{1}{6}B$, $\frac{2}{3}B$, d, D	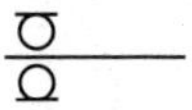
双列调心球轴承 GB/T 281—1994	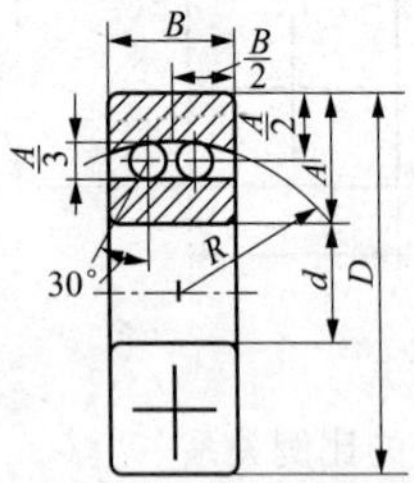 B, $\frac{B}{2}$, $\frac{A}{3}$, $\frac{A}{2}$, A, R, 30°, d, D	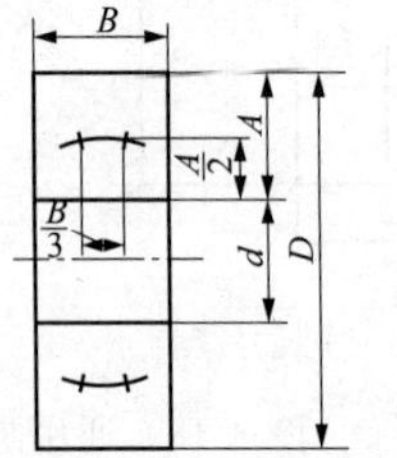 B, A, $\frac{A}{2}$, $\frac{B}{3}$, d, D	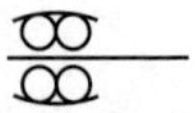

续表

轴承类型国家标准编号	规定画法	特征画法	图示符号
推力球轴承 GB/T 301 —1995	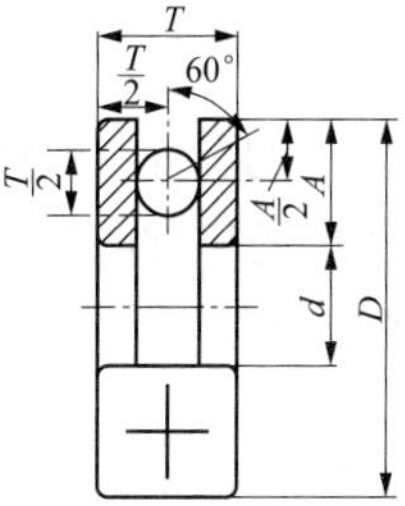	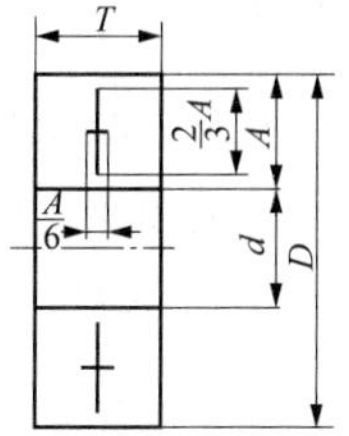	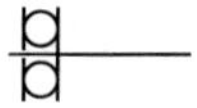
圆锥滚子轴承 GB 297 —1994	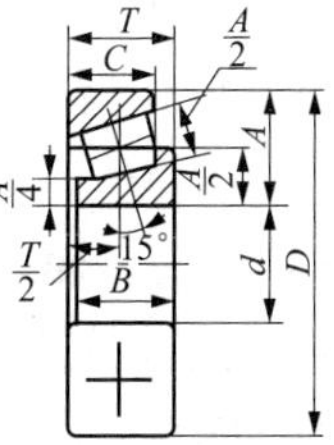	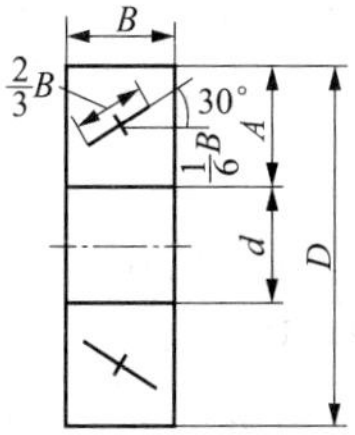	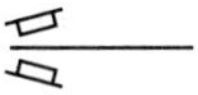
绘图说明	矩形线框或外形轮廓与滚动轴承的外形尺寸一致，并与所属图样比例一致； 剖面图中，滚动体不画剖面线，各套圈的剖面线一致或可省略； 剖面图中，轴承带有的其他零件或附件与套圈的剖面线应不一致，也允许省略	矩形线框或外形轮廓与滚动轴承的外形尺寸一致；矩形线框或外形轮廓与所属图样比例一致 在剖面图中，一律不画剖面符号（剖面线）	
	轮廓线、矩形线框、各种符号用粗实线绘制 同一图样中，一般只采用一种画法		

第二节　零件的视图选择及表达方案

一、零件图概述

表达零件结构形状、大小及技术要求的图样，叫做零件图。它是加工制造、检验零件的依据。一张完整的零件图，一般应当包括一组图形、完整的尺寸、必要的技术要求和填写完整的标题栏。

二、零件的视图选择及表达方案

1. 主视图的选择

主视图是一组图形的核心，在选择主视图时，一般应从两个方面综合考虑。一个是确定零件的安放位置，另一个是确定主视图的投射方向。

（1）确定零件的安放位置。加工轴、套、轮、盘等零件时，大部分工序是在车床或磨床上进行的，因此这类零件的主视图应轴线水平放置，以便于加工时看图，如图 4-19 所示。

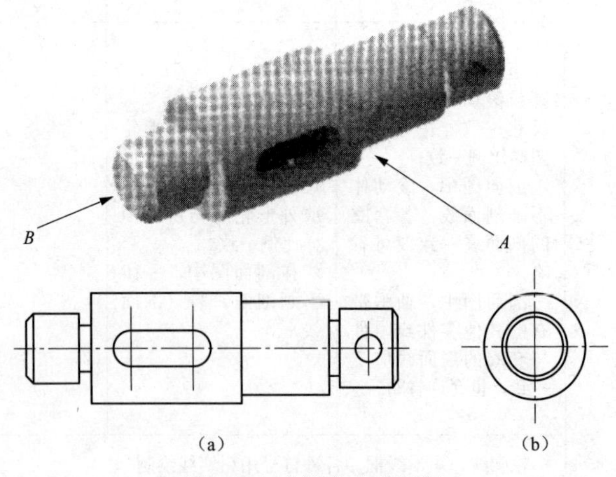

图 4-19　主视方向的选择

（a）A 向；（b）B 向

对于箱体、叉架等加工方法和位置多样的零件，主视图应选择其工作位置，以便与装配图直接对照，想象出零件的工作状况，便于阅读。

(2) 确定主视图的投射方向。主视图的投射方向应符合形状特征原则，可以明显地反映零件的形状特征。

如图 4-19 所示的阶梯轴，图中箭头 A 作为主视图的投射方向，不仅能表达阶梯轴各段的形状、大小，而且能显示轴上的键槽和圆孔。若以箭头 B 作主视图的投射方向，画出的主视图只是不同直径的同心圆，显然不如 A 的清楚。

2. 其他视图的选择

主视图确定后，再选择其他视图，原则是要用较少的视图，反映主视图尚未表达清楚的结构形状。具体选择时，应注意以下几点：

(1) 零件的主要组成部分，应选用基本视图以及在基本视图上作剖面。

(2) 少用虚线表达零件的结构形状。

第三节 零件图的尺寸标注

一、尺寸基准选择

尺寸基准就是标注尺寸的起点。尺寸基准一般选择零件上的一些面和线。面基准常选择零件上较大的加工面、两零件的结合面、零件的对称平面、重要端面和轴肩等。线基准一般选择轴、孔的轴线，对称中心线等。

当零件结构比较复杂时，同一方向上的尺寸基准可能不只一个，其中决定零件主要尺寸的基准称为主要基准。为加工测量方便而附加的基准称为辅助基准，如图 4-20 所示，轴承座底面是高度方向的主要基准，也是设计基准，高度方向重要尺寸 78 以它为基准注出；顶面上螺孔的深度尺寸 8 是以顶面为辅助基准注出的，以便于加工测量。

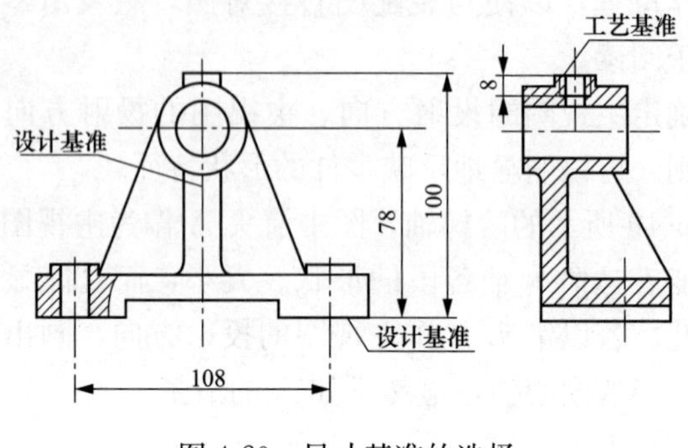

图 4-20 尺寸基准的选择

二、合理标注尺寸注意事项

（1）重要尺寸应直接注出。
（2）标注尺寸应满足工艺要求。
（3）避免注出封闭尺寸链。
（4）同一结构的尺寸集中标注。

第四节 零件图中的技术要求

零件在制造过程中，应达到的一些质量要求一般称为技术要求。如表面粗糙度、极限与配合、几何公差等各种要求与说明。

一、表面结构表示法

1. 表面粗糙度符号、代号及意义

零件表面的微观不平程度，称为表面粗糙度。表面粗糙度对于零件的耐磨性、使用寿命等都有很大影响，是评定零件表面质量的重要技术指标之一。零件表面粗糙度要求越高，则其加工成本越高。《产品几何技术规范（GPS）技术产品文件中表面结构的表示方法》（GB/T 131—2006）规定了表面粗糙度的符号、代号及注法。表面粗糙度的符号上注写所要求的表面特征参数后，即构成表面粗糙度代号。

2. 表面粗糙度的标注

表面粗糙度的符号、代号一般标注在零件的可见轮廓线、尺寸界线、引出线或它们的延长线上。符号的尖端必须从材料外指向表面。在同一图样上，每一表面的粗糙度一般只标注一次，并尽可能靠近有关尺寸线。当空间小或不便标注时，可以引出标注，如图 4-21 所示。

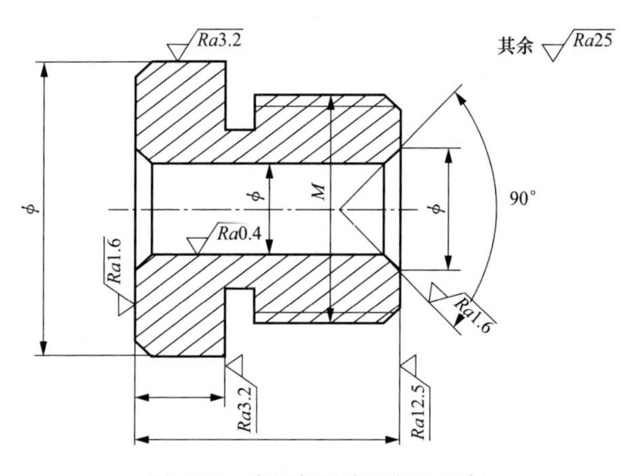

图 4-21 表面粗糙度的标注示例

孔的粗糙度代号也可注在引出线上，用细实线相连的表面可标注一次，如图 4-22 所示。

对零件中使用最多的一种粗糙度代号可统一标注在图纸的右上角，并加注“其余”二字，如图 4-23 所示。

零件上连续表面及重复的表面，粗糙度只标注一次，如图 4-24 所示。

同一表面上有不同的粗糙度要求时，须用细实线画出其分界线并注出相应的代号，如图 4-25 所示。

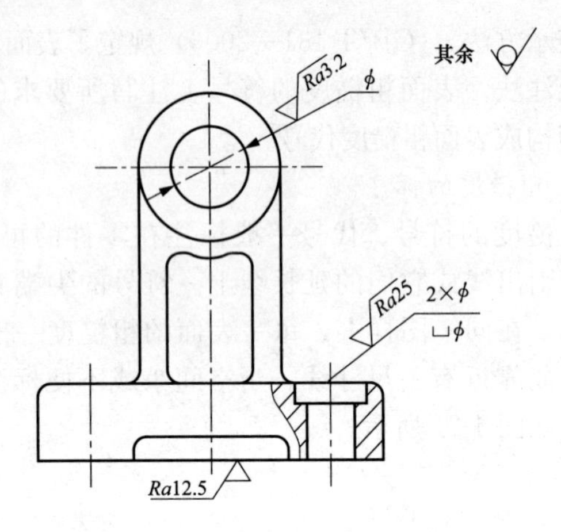

图 4-22　孔及非连续表面的粗糙度标注

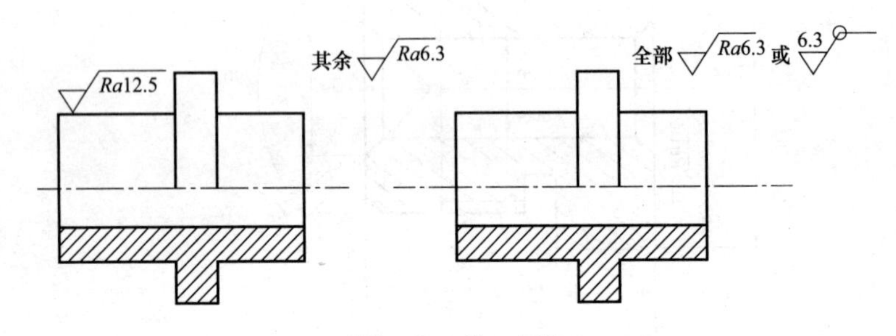

图 4-23　统一标注

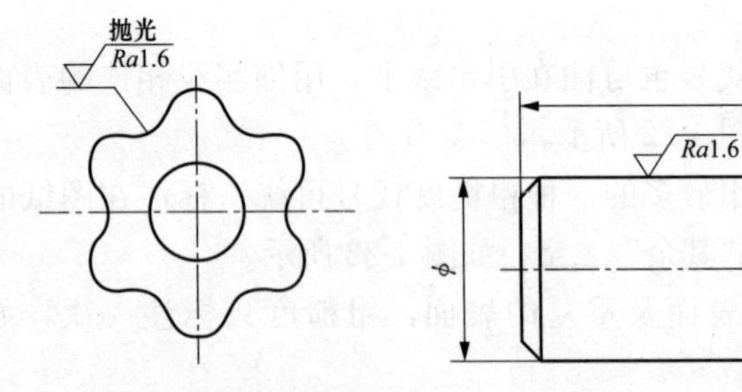

图 4-24　连续表面及重复要素的表面的粗糙度标注

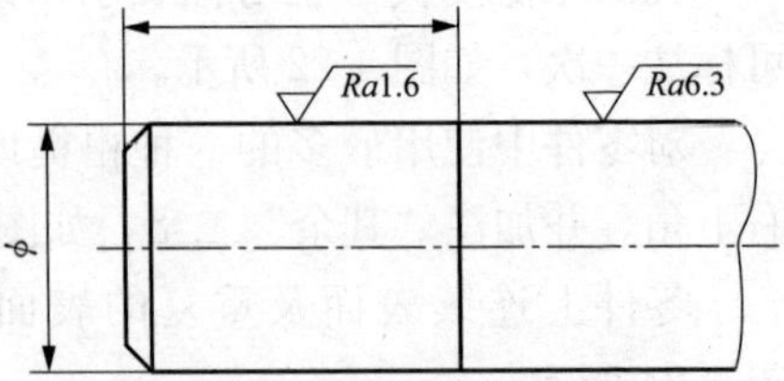

图 4-25　同一平面上要求不同的粗糙度标注

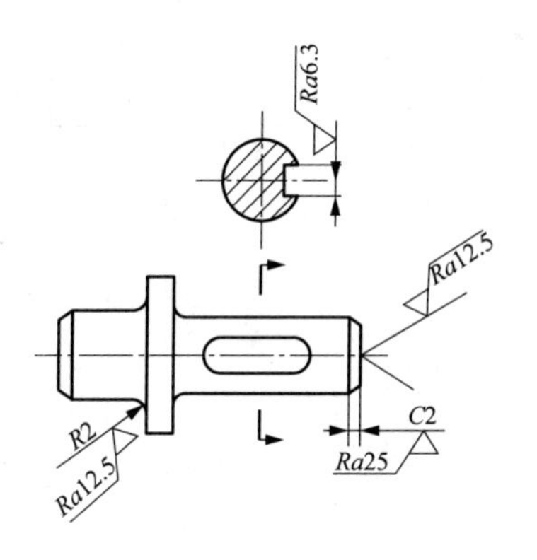

图 4-26 中心孔、键槽的粗糙度标注

中心孔的工作面、键槽工作面、倒角、圆角的表面的粗糙度代号可以简化标注，如图 4-26 所示。

二、极限与配合

1. 极限

极限是反映零件的精度要求的。

2. 尺寸公差

(1) 公称尺寸指设计确定的尺寸。

(2) 极限尺寸指允许零件尺寸变动的两个极限值，即最大极限尺寸和最小极限尺寸。

(3) 实际尺寸指通过测量所得的尺寸。

(4) 尺寸偏差指某一极限尺寸减去其基本尺寸所得的代数差。尺寸偏差又分为上偏差（Es，es）和下偏差（EI，ei)。最大极限尺寸减去其基本尺寸的代数差是上偏差，最小极限尺寸减去其基本尺寸的代数差为下偏差。上、下偏差可以是正值、负值或零。

最小极限尺寸≤实际尺寸≤最大极限尺寸

(5) 尺寸公差指允许的尺寸变动量，即最大极限尺寸减最小极限尺寸之差的绝对值，也等于上偏差与下偏差之差的绝对值。公差不能为零。

(6) 零线是在极限与配合图解中（简称公差带图）表示基本尺寸的一条线，以其为基准确定偏差和公差。

(7) 标准公差是国家标准规定的任一公差，它的数值由基本尺寸和公差等级所确定，见表 4-16。标准公差分为 20 个等级，即 IT01、IT0、IT1 至 IT18。

IT 表示标准公差，阿拉伯数字表示公差等级。IT01 公差值最小，精度最高，IT18 公差值最大，精度最低。

表 4-16　　标准公差数值

基本尺寸/mm		标准公差等级																	
		IT1	IT2	IT3	IT4	IT5	IT6	IT7	IT8	IT9	IT10	IT11	IT12	IT13	IT14	IT15	IT16	IT17	IT18
大于	至	μm											mm						
—	3	0.8	1.2	2	3	4	6	10	14	25	40	60	0.1	0.14	0.25	0.4	0.6	1	1.4
3	6	1	1.5	2.5	4	5	8	12	18	30	48	75	0.12	0.18	0.3	0.48	0.75	1.2	1.8
6	10	1	1.5	2.5	4	6	9	15	22	36	58	90	0.15	0.22	0.36	0.58	0.9	1.5	2.2
10	18	1.2	2	3	5	8	11	18	27	43	70	110	0.18	0.27	0.43	0.7	1.1	1.8	2.7
18	30	1.5	2.5	4	6	9	13	21	33	52	84	130	0.21	0.33	0.52	0.84	1.3	2.1	3.3
30	50	1.5	2.5	4	7	11	16	25	39	62	100	160	0.25	0.39	0.62	1	1.6	2.5	3.9
50	80	2	3	5	8	13	19	30	46	74	120	190	0.3	0.46	0.74	1.2	1.9	3	4.6
80	120	2.5	4	6	10	15	22	35	54	87	140	220	0.35	0.54	0.87	1.4	2.2	3.5	5.4
120	180	3.5	5	8	12	18	25	40	63	100	160	250	0.4	0.63	1	1.6	2.5	4	6.3
180	250	4.5	7	10	14	20	29	46	72	115	185	90	0.46	0.72	1.15	1.85	2.9	4.6	7.2
250	315	6	8	12	16	23	32	52	81	130	210	320	0.52	0.81	1.3	2.1	3.2	5.2	8.1
315	400	7	9	13	18	25	36	57	89	140	230	360	0.57	0.89	1.4	2.3	3.6	5.7	8.9
400	500	8	10	15	20	27	40	63	97	155	250	400	0.63	0.97	1.55	2.5	4	6.3	9.7

注　1. 公称尺寸大于 500mm 的 IT1～IT5 的标准公差数值为试行的。

2. 公称尺寸小于或等于 1mm 时，无 IT14～IT18。

3. IT01 和 IT0 的标准公差值未列入。

(8) 基本偏差指用以确定公差带相对零线位置的上偏差或下偏差。一般是指靠近零线的那个偏差，孔和轴各有 28 个基本偏差，它的代号用拉丁字母按其顺序表示（有 7 个是双字母），大写字母表示孔，小写字母表示轴，如图 4-27 所示。轴的基本偏差数值可查表 4-17，孔的基本偏差数值可查表 4-18。

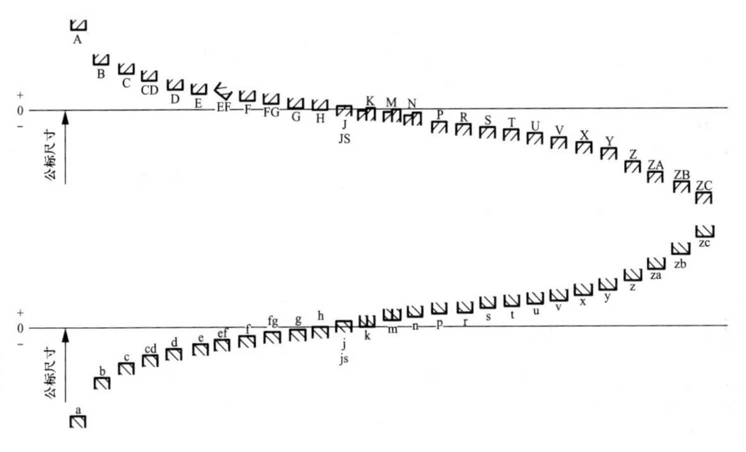

图 4-27 基本偏差

3. 配合

反映零件之间相互结合的松紧关系称为配合。根据配合的松紧程度，国家标准将其分为下面三类。

(1) 间隙配合。指具有间隙（包括最小间隙等于零）的配合。孔的公差带在轴的公差带之上，如图 4-28 (b)、(j) 所示。

(2) 过盈配合。指具有过盈（包括最小过盈等于零）的配合。轴的公差带在孔的公差带之上，如图 4-28 (e)、(g) 所示。

(3) 过渡配合。指可能具有间隙或过盈的配合，孔的公差带与轴的公差带相互交叠，如图 4-28 (c)、(d)、(h) 和 (i) 所示。

根据配合的松紧程度不同，三类配合还会有很多种。国家标准规定了两种，即基孔制和基轴制。

表 4-17 轴的基本偏差数值

公称尺寸/mm		上偏差 es/μm														
		所有标准公差等级												IT5 和 IT6	IT7	IT8
大于	至	a	b	c	cd	d	e	ef	f	fg	g	h	js	j		
	3	−270	−140	−60	−34	−20	−14	−10	−6	−4	−2	0	偏差 = $\pm\frac{ITn}{2}$ 式中 ITn 是 IT 值数	−2	−4	−6
3	6	−270	−140	−70	−46	−30	−20	−14	−10	−6	−4	0		−2	−4	
6	10	−280	−150	−80	−56	−40	−25	−18	−13	−8	−5	0		−2	−5	
10	14	−290	−150	−95		−50	−32		−16		−6	0		−3	−6	
14	18															
18	24	−300	−160	−110		−65	−40		−20		−7	0		−4	−8	
24	30															
30	40	−310	−170	−120		−80	−50		−25		−9	0		−5	−10	
40	50	−320	−180	−130												
50	65	−340	−190	−140		−100	−60		−30		−10	0		−7	−12	
65	80	−360	−200	−150												
80	100	−380	−220	−170		−120	−72		−36		−12	0		−9	−15	
100	120	−410	−240	−180												
120	140	−460	−260	−200		−145	−85		−43		−14	0		−11	−18	
140	160	−520	−280	−210												
160	180	−580	−310	−230												

续表

公称尺寸/mm		上偏差 es/μm														
		所有标准公差等级												IT5 和 IT6	IT7	IT8
大于	至	a	b	c	cd	d	e	ef	f	fg	g	h	js	j		
180	200	+660	−340	+240												
200	225	−740	−380	−260		−170	−100		−50		−15	0		−13	−21	
225	250	−820	−480	−280												
250	280	−920	−480	−300		−190	−110		−56		−17	0	偏差=$\pm\frac{\mathrm{IT}n}{2}$式中IT$n$是IT值数	−16	−26	
280	315	−1050	−540	−330												
315	355	+1200	−600	−360		−210	−25		−62		−18	0		−18	−28	
355	400	+135	−680	−400												
400	450	−1500	−760	−440		−230	−135		−68		−20	0		−20	−32	
450	500	−1650	−840	−480												

公称尺寸/mm		下偏差 ei/μm													
IT4～IT7	≤IT3 >IT7	所有标准公差等级													
k		m	n	p	r	s	t	u	v	x	y	z	za	zb	zc
0	0	+2	+4	+6	+10	+14		+18		+20		+26	+32	+40	+60
+1	0	+4	+8	+12	+15	+19		+23		+28		+35	+42	+50	+80

续表

公称尺寸/mm		下偏差 ei/μm													
IT4～IT7	≤IT3 >IT7	所有标准公差等级													
k		m	n	p	r	s	t	u	v	x	y	z	za	zb	zc
+1	0	+6	+10	+15	+19	+23		+28		+34		+42	+52	+67	+97
+1	0	+7	+12	+18	+23	+28		+33		+40		4.50	+64	+90	+130
									+39	+45		+60	+77	+108	+150
+2	0	+8	+15	+22	+28	+35		+41	+47	+54	+63	+73	+98	+136	+188
							+41	+48	+55	+64	+75	+88	+118	+160	+218
+2	0	+9	+17	+26	+34	+43	+48	+60	+68	+80	+94	+112	+148	+200	+274
							+54	+70	+81	+97	+144	+136	+180	+242	+325
+2	0	+11	+20	+32	+41	+53	+66	+87	+102	+122	+144	+172	+226	+300	+405
					+43	+59	+75	+102	+120	+146	+174	+210	+274	+360	+480
+3	0	+13	+23	+37	+51	+71	+91	+124	+146	+178	+214	+258	+335	+445	+585
					+54	+79	+104	+144	+172	+210	+254	+310	+400	+525	+690

续表

公称尺寸/mm		下偏差 ei/μm													
IT4～IT7	≤IT3 >IT7	所有标准公差等级													
k		m	n	p	r	s	t	u	v	x	y	z	za	zb	zc
+3	0	+15	+27	+43	+63	+92	+122	+170	+202	+248	+300	+365	+470	+620	+800
					+65	+100	+134	+190	+228	+280	+340	+415	+535	+700	900
					+68	+108	+146	+210	+252	+310	+380	+465	+600	+780	+1000
+4	0	+17	+31	+50	+77	+122	+166	+236	+284	+350	+425	+520	+670	+880	+1150
					+80	+130	+180	+258	+310	+385	+475	+575	+740	+960	+1250
					+84	+140	+196	+284	+340	+425	+520	+640	+820	+1050	+1350
+4	0	+20	+34	+56	+94	+158	+218	+315	+385	+475	+580	+710	+920	+1200	+1150
					+98	+170	+240	+350	+425	+525	+650	+790	+1000	+1300	+1700
+4	0	+21	+37	+62	+108	+190	+268	+390	+475	+590	+730	+900	+1150	+1500	+1900
					+114	+208	+294	+435	+530	+660	+820	+1000	+300	+1650	+2100
+5	0	+23	+40	+68	+126	+232	+330	+490	+595	+740	+950	+1100	1450	1850	2400
					+132	+252	+360	+540	+660	+820	+1000	+1250	+1600	+2100	+2600

注 1. 基本尺寸小于或等于 1mm 时，基本偏差 a 和 b 均不采用。

2. 公差带 js7～js11，若 ITn 值数是奇数，则取偏差＝±(ITn－1)/2。

表 4-18　　孔的基本偏差数值

上偏差 ES/μm															Δ值/μm					
≤IT8	>IT8	≤IT7	标准公差等级大于 IT7												标准公差等级					
N		P至ZC	P	R	S	T	U	V	X	Y	Z	ZA	ZB	ZC	IT3	IT4	IT5	IT6	IT7	IT8
-4	-4		-6	-10	-14		-18		-20		-26	-32	-40	-60	0	0	0	0	0	0
-8+Δ	0		-12	-15	-19		-23		-28		-35	-42	-50	-80	1	1.5	1	3	4	6
-10+Δ	0		-15	-19	-23		-28		-34		-42	-52	-67	-97	1	1.5	2	3	6	7
+12+Δ	0		-18	-23	-28		-33	—	-40		-50	-64	-90	-130	1	2	3	3	7	9
								-39	-45		-60	-77	-108	-150						
-15+Δ	0	在大于IT7的相应数值上增加一个Δ值	-22	-28	-35	—	-41	-47	-54	-63	-73	-98	-136	-188	1.5	2	3	4	8	12
						-41	-48	-55	-64	-75	-88	-118	-160	-218						
-17+Δ	0		-26	-34	-43	-48	-60	-68	-80	-94	-112	-148	-200	-274	1.5	3	4	5	9	14
						-54	-70	-81	-97	-114	-136	-180	-242	-325						
-20+Δ	0		-32	-41	-53	-66	-87	-102	-122	-144	-172	-226	-300	-405	2	3	5	6	11	16
				-43	-59	-75	-102	-120	-146	-174	-210	-274	-360	-480						
-23+Δ	0		-37	-51	-71	-91	-124	-146	-178	-214	-258	-335	-445	-585	2	4	5	7	13	19
				-54	-79	-104	-144	-172	-210	-254	-310	-400	-525	-690						
-27+Δ	0		-43	-63	-92	-122	-170	-202	-248	-300	-365	-470	-620	-800	3	4	6	7	15	23
				-65	-100	-134	-190	-228	-280	-340	-415	-535	-700	-900						
				-68	-108	-146	-210	-252	-310	-380	-465	-600	-780	-1000						

续表

上偏差 ES/μm															Δ值/μm					
≤IT8	>IT8	≤IT7	标准公差等级大于 IT7												标准公差等级					
N		P至ZC	P	R	S	T	U	V	X	Y	Z	ZA	ZB	ZC	IT3	IT4	IT5	IT6	IT7	IT8
−31+Δ	0	在大于IT7的相应数值上增加一个Δ值	−50	−77	−122	−166	−236	−284	−350	−425	−520	−670	−880	−1150	3	4	6	9	17	26
				−80	−130	−180	−258	−310	−385	−470	−575	−740	−960	−1250						
				−84	−140	−196	−284	−340	−425	−520	−640	−820	−1050	−1350						
−34+Δ	0		−56	−94	−158	−218	−315	−385	−475	−580	−710	−920	−1200	−1550	4	4	7	9	20	29
				−98	−170	−240	−350	−425	−525	−650	−790	−1000	−1300	−1700						
−37+Δ	0		−62	−108	−190	−268	−390	−475	−590	−730	−900	−1150	−1500	−1900	4	5	7	11	21	32
				−114	−208	−294	−435	−530	−660	−820	−1000	−1300	−1650	−2100						
−40+Δ	0		−68	−126	−232	−330	−490	−595	−740	−920	−1100	−1459	−1850	−2400	5	5	7	13	23	34
				−132	−252	−360	−540	−660	−820	−1000	−1250	−1600	−2100	−2600						

公称尺寸/mm		下偏差 EI/μm																	
大于	至	标准公差等级大于 IT7												IT6	IT7	IT8	≤IT8	>IT8	≤IT8
		A	B			D	E	EF	F	FG	G	H	JS	J			K		M
	3	+270	+140			+20	+14	+10	+6	+4	+2	0	偏差$=\pm\frac{ITn}{2}$式中 ITn 是IT值数	+2	+4	+6	0	0	−2
3	6	+270	+140			+30	+20	+14	+10	+6	+4	0		+5	+6	+10	−1+Δ	—	−4+Δ
6	10	+280	+150			+40	+25	+8	+13	+8	+5	0		+5	+8	+12	−1+Δ	—	−6+Δ
10	14	+290	+150			+50	+32		+16		+6	0		+6	+10	+15	−1+Δ	—	−7+Δ
14	18																		

续表

公称尺寸/mm		下偏差 EI/μm																	
大于	至	标准公差等级大于 IT7												IT6	IT7	IT8	≤IT8	>IT8	≤IT8
		A	B			D	E	EF	F	FG	G	H	JS	J			K		M
18	24	+300	+160			+65	+40		+20		+7	0	偏差=$\pm\frac{ITn}{2}$式中ITn是IT值数	+8	+12	+20	−2+Δ	—	−8+Δ
24	30																		
30	40	+310	+170			+80	+50		+25		+9	0		+10	+14	+24	−2+Δ	—	−9+Δ
40	50	+320	+180																
50	65	+340	+190			+100	+60		+30		+10	0		+13	+18	+28	−2+Δ	—	−11+Δ
65	80	+360	+200																
80	100	+380	+220			+120	+72		+36		+12	0		+16	+22	+34	−3+Δ	—	−13+Δ
100	120	+410	+240																
120	140	+460	+260			+145	+85		+43		+14	0		+18	+26	+41	−3+Δ	—	−15+Δ
140	160	+520	+280																
160	180	+580	+310																

续表

公称尺寸/mm		下偏差 EI/μm																	
大于	至	标准公差等级大于 IT7												IT6	IT7	IT8	≤IT8	>IT8	≤IT8
		A	B			D	E	EF	F	FG	G	H	JS	J			K		M
180	200	+660	+340																
200	225	+740	+380			+170	+100		+50		+15	0		+22	+30		−4+Δ	—	−17+Δ
225	250	+820	+420																
250	280	+920	+480			+190	+110		+56		+17	0	偏差=$\pm\frac{ITn}{2}$式中 ITn 是 IT 值数	+25	+36		−4+Δ	—	−21+Δ
280	315	+1050	+540																
315	355	+1200	+600			+210	+125		+62		+18	0		+29	+39	+60	−4+Δ	—	−21+Δ
355	400	+1350	9680																
400	450	+1500	+760			+230	+135		+68		+20	0		+33	+43	+66	−5+Δ	—	−23+Δ
450	500	+1650	+840																

注 1. 基本尺寸小于或等于 1mm 时，基本偏差 A 和 B 均不采用。
2. 公差带 JS7～JS11，若 ITn 值数是奇数，则取偏差=±(ITn−1)/2。
3. 对小于或等于 IT8 的 K、M、N 和小于或等于 IT7 的 P 至 ZC，所需 A 值从表内右侧选取。
4. 特殊情况：250～315mm 段的 M6，ES=−9μm（代替−11μm）。

（1）基孔制。基本偏差为一定的孔的公差带，与不同基本偏差轴的公差带形成各种配合的一种制度。

（2）基轴制。基本偏差为一定的轴的公差带，与不同基本偏差孔的公差带形成各种配合的一种制度。

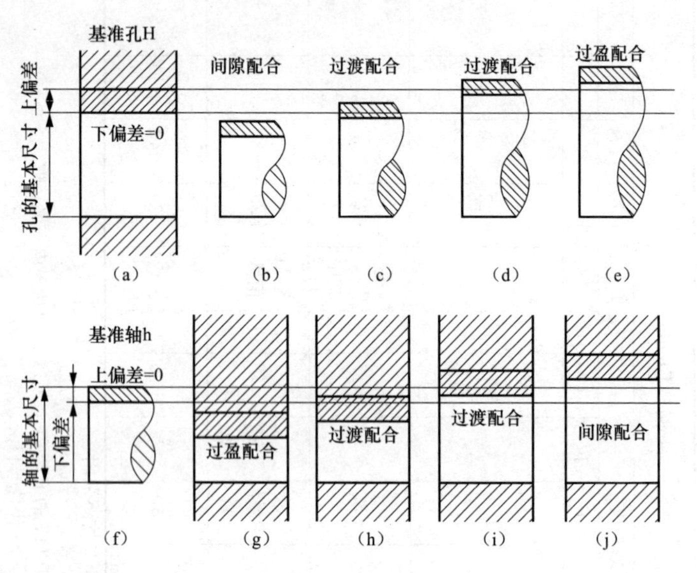

图 4-28　配合的种类

（a）基准孔 H；（b）、（j）间隙配合；（c）、（d）、（h）、（i）过渡配合；（e）、（g）过盈配合；（f）基准轴 h

第五节　零件上常见工艺结构及画法

一、铸件的工艺结构

1. 起模斜度

沿模型的起模方向做成约 1∶20 的斜度，称为起模斜度。起模斜度通常在图中可以不标注和画出，必要时可在技术要求上用文字表达，如图 4-29 所示。

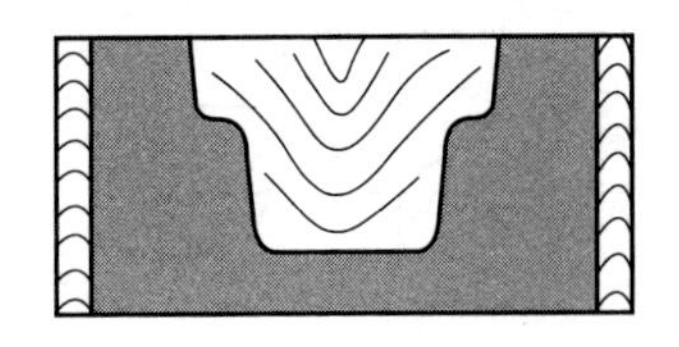

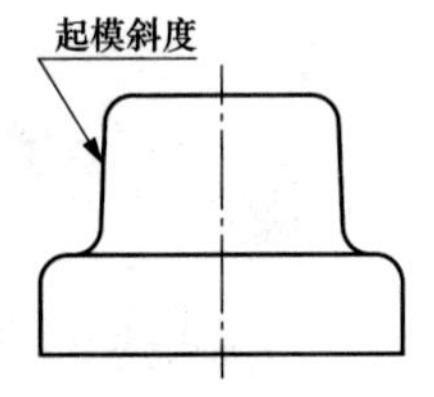

图 4-29 起模斜度

2. 铸造圆角

为了方便起模，避免浇筑铁水时转角处被冲坏，在铸件的毛坯各表面相交转角处都有铸造圆角。铸造圆角一般在图上不标注，通常集中写在技术要求里，如图 4-30 所示。

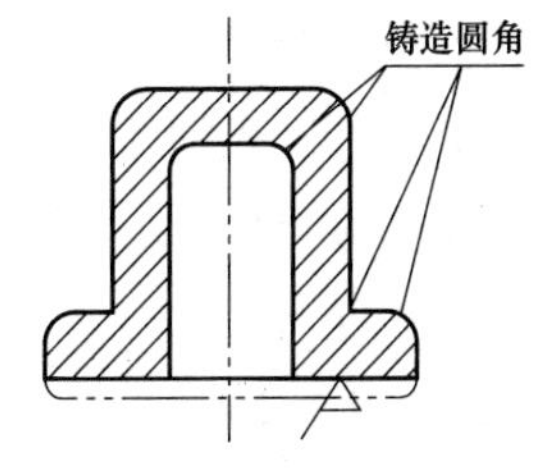

图 4-30 铸造圆角

3. 铸件壁厚

为了避免各部分金属因冷却速度的不同而产生缩孔和裂缝，铸件壁厚应均匀变化，如图 4-31 所示。

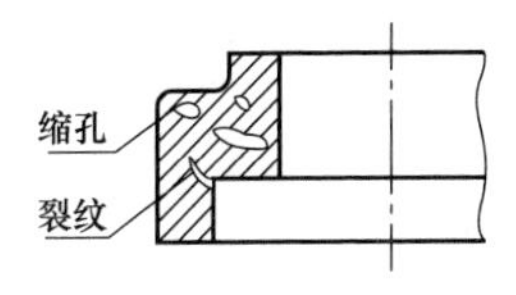

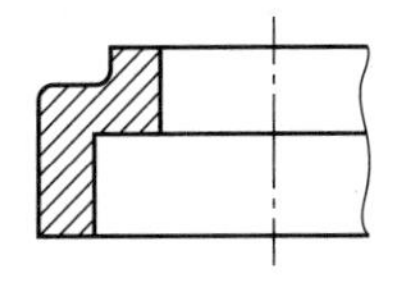

图 4-31 铸件壁厚

4. 过渡线

两圆柱相贯时的过渡线如图 4-32 所示。

二、机械加工工艺结构

1. 倒角和倒圆

为了便于安装配备，在轴和孔的端部都加工成倒角。为了避免应力集中，把轴肩处加工成圆角，称为倒圆。

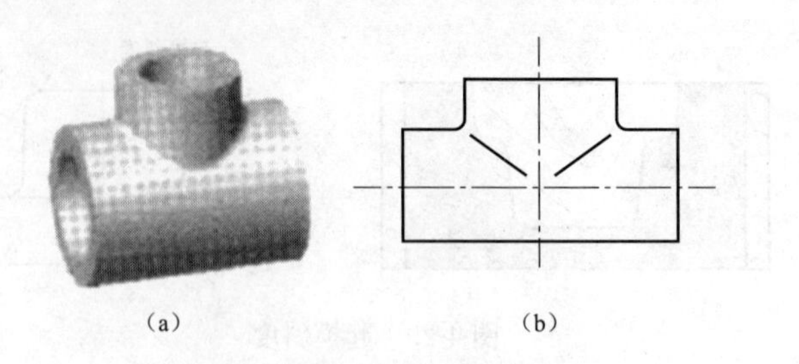

图 4-32　两圆柱相贯时的过渡线
(a) 相贯体立体图；(b) 过渡线的画法

2. 退刀槽

在车削和磨削时，为了退出刀具，通常会在加工表面的末端设置一个槽，这个槽就叫退刀槽，也称砂轮越程槽，如图 4-33 所示。

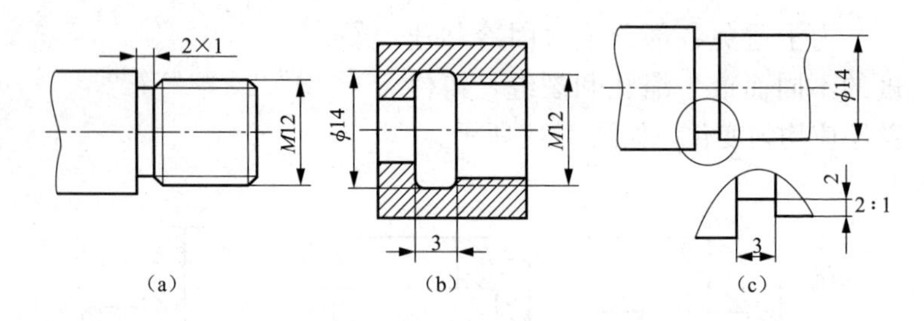

图 4-33　退刀槽（砂轮越程槽）
(a) 外螺纹退刀槽；(b) 内螺纹退刀槽；(c) 砂轮越程槽

3. 凸台和凹坑

为了减少加工面积，并保证零件之间接触良好，通常在铸件上设计凸台或加工成凹坑，如图 4-34 所示。

4. 中心孔表示法

为了表达在完工的零件上是否保留中心孔的要求，可采用《机械制图中心孔表示法》（GB/T 4459.5—1999）的规定，见表 4-19。

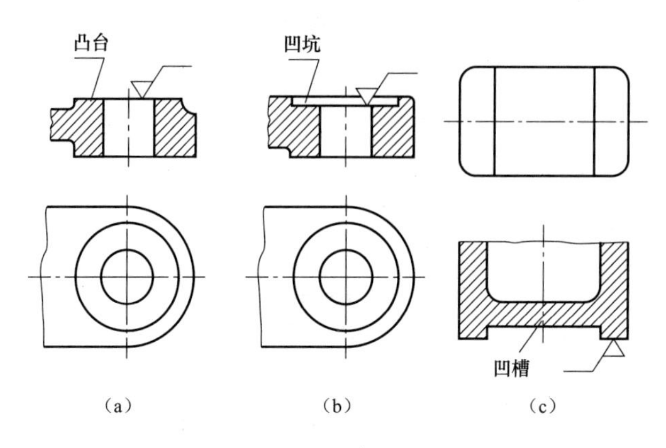

图 4-34 凸台和凹坑

(a) 凸台结构；(b) 凹坑结构；(c) 凹槽结构

表 4-19　　中 心 孔 表 示 法

要求	符号	表示法示例	说明
在完工的零件上要求保留中心孔		GB/T 4459.5—B2.5/8	采用 B 型中心孔 $D=2.5$mm，$D_1=8$mm，在完工的零件上要求保留
在完工的零件上可以保留中心孔		GB/T 4459.5—A4/8.5	采用 A 型中心孔 $D=4$mm，$D_1=8.5$mm，在完工的零件上保留与否都可以
在完工的零件上不允许保留中心孔		GB/T 4459.5—A1.6/3.35	采用 A 型中心孔 $D=1.6$mm，$D_1=3.35$mm，在完工的零件上不允许保留

第五章

装 配 图

第一节 装配图的基本知识

1. 装配图概念

表达机器和部件结构的图样称为装配图。它主要表达机器和部件的结构形状、工作原理、零件之间的装配关系，以及在装配、安装时所需要的尺寸和技术要求。

2. 装配图的作用

在设计零构件时，先画的是装配图，然后根据装配图所表达的内容绘制产品并加工，再通过装配图了解组装成的机器或部件，了解机器或部件的性能、传动路线及操作方法，以便后面正确操作使用。所以装配图也是生产中的重要技术文件。

3. 装配图的内容

装配图一般包括一组图形、几类尺寸、技术要求和零件编号、明细栏、标题栏四项内容，如图 5-1 所示。

（1）一组图形。用各种表达方法正确、完整、清晰地表达出机器和部件的工作原理、各零件的装配关系和主要零件的结构形状。

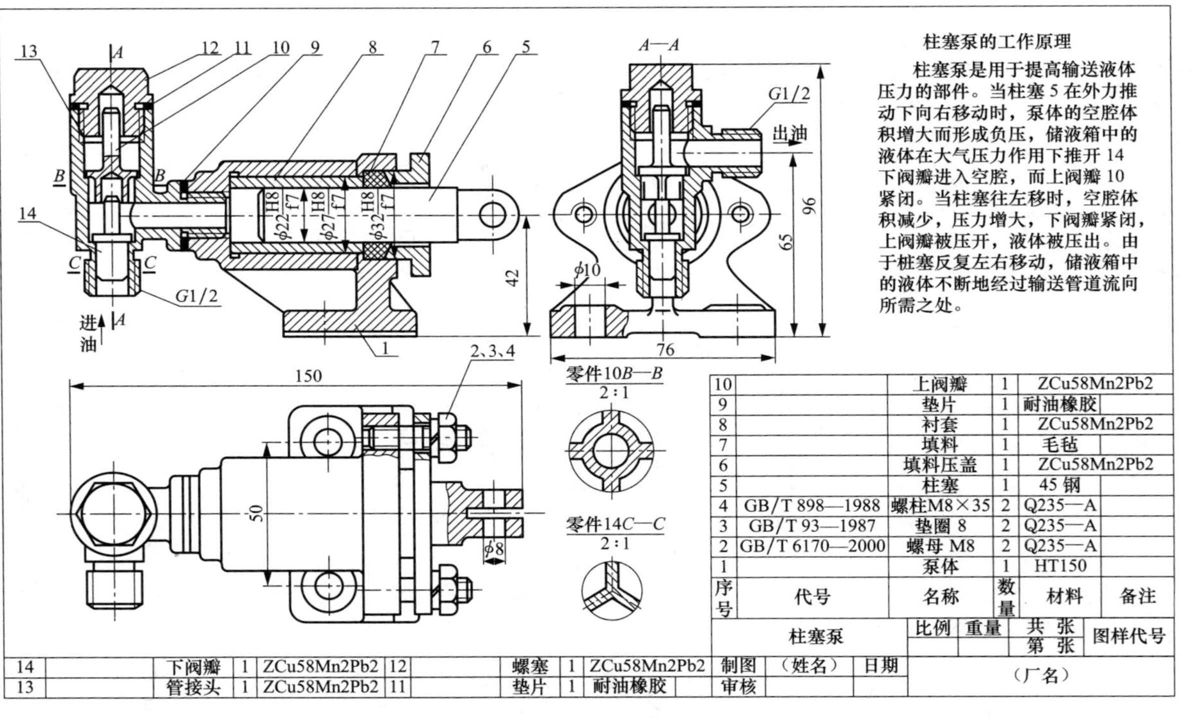

柱塞泵的工作原理

柱塞泵是用于提高输送液体压力的部件。当柱塞5在外力推动下向右移动时，泵体的空腔体积增大而形成负压，储液箱中的液体在大气压力作用下推开14下阀瓣进入空腔，而上阀瓣10紧闭。当柱塞往左移时，空腔体积减少，压力增大，下阀瓣紧闭，上阀瓣被压开，液体被压出。由于柱塞反复左右移动，储液箱中的液体不断地经过输送管道流向所需之处。

序号	代号	名称	数量	材料	备注
14		下阀瓣	1	ZCu58Mn2Pb2	
13		管接头	1	ZCu58Mn2Pb2	
12		螺塞	1	ZCu58Mn2Pb2	
11		垫片	1	耐油橡胶	
10		上阀瓣	1	ZCu58Mn2Pb2	
9		垫片	1	耐油橡胶	
8		衬套	1	ZCu58Mn2Pb2	
7		填料	1	毛毡	
6		填料压盖	1	ZCu58Mn2Pb2	
5		柱塞	1	45钢	
4	GB/T 898—1988	螺柱M8×35	2	Q235—A	
3	GB/T 93—1987	垫圈 8	2	Q235—A	
2	GB/T 6170—2000	螺母 M8	2	Q235—A	
1		泵体	1	HT150	

柱塞泵	比例	重量	共 张 第 张	图样代号
制图	（姓名）	日期	（厂名）	
审核				

图 5-1 柱塞泵装配图

（2）几类尺寸。在装配图中必须要有能反映机器和配件的规格性能尺寸、各零件间的配合尺寸，还有零件的外形尺寸、安装尺寸等有关尺寸。

（3）技术要求。用文字、字母、符号或数字说明产品的质量、装配、调试、使用等方面的要求。

（4）零件编号、明细栏和标题栏。根据生产组织和管理工作的需要，按一定的格式对每种不同零件编写序号，并在明细栏和标题栏内填写相对应的内容。

第二节　装配图的表达方法

除了视图、剖面图和断面图等有关机件的图样画法适用于装配图，还有一些特殊的只适用于装配图的表达方法。

1. 特殊画法

（1）夸大画法。在画装配图时，遇到一些薄片零件、细丝弹簧、微小间隙、小锥度等，无法按其尺寸绘制，或者是虽能如实画出，但不能表达出其结构特征，这时可采用夸大画法。如图 5-1 中的垫片厚度，就属于夸大画法。

（2）假想画法。表示与某个零件有装配关系的其他相邻构件，可采用假想画法将其用双点画线绘制出。

（3）拆卸画法。在装配图中，当某些零件遮住了所要表达的内容时，可假想拆去一个或几个零件，只画出所表达部分的视图，这种画法称为拆卸画法。

（4）沿结合面剖切画法。为了表达零构件内部结构，可采用沿结合面剖切画法。

2. 规定画法

（1）剖面线的画法。在装配图中，相邻两零构件的剖面线要画成方向不同或间隔不等的线。而同一装配图中同一零件的剖面线的方向和间隔应当一致。

（2）接触面和配合面的画法。在装配图中，两相邻零件的接触面或基本尺寸相同的配合表面只画一条线，不接触表面和非配合面，必须画两条线表示各自轮廓。

（3）实心零件的画法。在装配图中，对于一些实心件，如轴、拉杆、钩、球、键等，若剖切平面通过其对称平面，则在剖面图中按不剖绘制。若这些零件上有孔、槽等结构需要表达时，可采用局部剖面。

第六章

电气工程制图

第一节　电气制图的基础知识

一、电气图中的图形符号

1. 对图形符号的规定

（1）图形符号可放大或缩小。

（2）当图形符号旋转或镜像时，其中的文字宜为视图的正向。

（3）当图形符号有两种表达形式时，可任选其中一种形式，但同一工程应使用同一种表达形式。

（4）当现有图形符号不能满足设计要求时，可按图形符号生成原则产生新的图形符号；新产生的图形符号宜由一般符号与一个或多个相关的补充符号组合而成。

2. 常用强电图形符号

（1）线路标注的图形符号见表 6-1。

表 6-1　　线路标注的图形符号

常用图形符号	说明	应用类型
	中性线	电路图、平面图、系统图
	保护线	
	保护线和中性线共用	

续表

常用图形符号	说明	应用类型
	带中性线和保护线的三相线路	电路图、平面图、系统图
	向上配线或布线	平面图
	向下配线或布线	
	垂直通过配线或布线	
	由下引来配线或布线	
	由上引来配线或布线	

（2）开关、触点的图形符号见表6-2。

表6-2　　开关、触点的图形符号

常用图形符号	说明	应用类型
	单联单控开关	平面图
	双联单控开关	
	三联单控开关	
n	n联单控开关，$n>3$	
	带指示灯的单联单控开关	
	带指示灯的双联单控开关	
	带指示灯的三联单控开关	
n	带指示灯的n联单控开关，$n>3$	
t	单极限时开关	
SL	单极声光控开关	

续表

常用图形符号	说明	应用类型
	双控单极开关	平面图
	动合（常开）触点	电路图、接线图
	动断（常闭）触点	
	先断后合的转换触点	
	中间断开的转换触点	
	先合后断的双向转换触点	
	延时闭合的动合触点	
	延时断开的动合触点	
	延时断开的动断触点	
	延时闭合的动断触点	
	自动复位的手动按钮开关	

（3）电动机的图形符号见表 6-3。

表 6-3　　　　电动机的图形符号

常用图形符号	说明	应用类型
M 3~	三相笼式感应电动机	电路图
M 1~	单相笼式感应电动机	
M 3~	三相绕线式转子感应电动机	

（4）测量仪表的图形符号见表 6-4。

表 6-4　　　　测量仪表的图形符号

常用图形符号	说明	应用类型
V	电压表	电路图、接线图、系统图
Wh	电度表（瓦时计）	
Wh	复费率电度表（示出二费率）	

（5）启动器的图形符号见表 6-5。

表 6-5　　　　启动器的图形符号

常用图形符号		说明	应用类型
	MS	电动机启动器，一般符号	电路图、接线图、系统图形式 2 用于平面图
	SDS	星-三角启动器	
	SAT	带自耦变压器的启动器	
	ST	带晶闸管整流器的调节-启动器	

（6）变压器的图形符号见表 6-6。

表 6-6　　变压器的图形符号

常用图形符号		说明	应用类型
		双绕组变压器（形式 2 可表示瞬间时电压的极性）	电路图、接线图、平面图、总平面图、系统图 形式 2 只适用电路图
		绕组间有屏蔽的双绕组变压器	
		一个绕组上有中间抽头的变压器	
	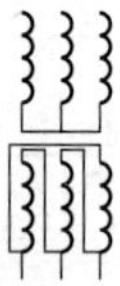	星形-三角形联结的三相变压器	
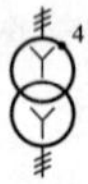	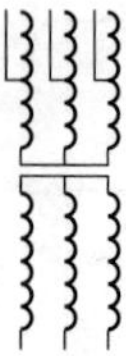	具有 4 个抽头的星形-星形联结的三相变压器	
	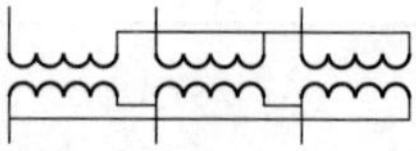	单相变压器组成的三相变压器，星形-三角形联结	
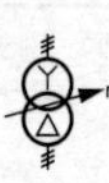	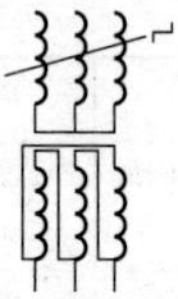	具有分接开关的三相变压器，星形-三角形联结	电路图、接线图、平面图、系统图 形式 2 只适用电路图
	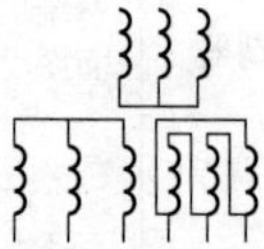	三相变压器，星形-三角形联结	电路图、接线图、系统图 形式 2 只适用电路图

续表

常用图形符号		说明	应用类型
		自耦变压器	电路图、接线图、平面图、总平面图、系统图 形式 2 只适用电路图
		单相自耦变压器	电路图、接线图、系统图 形式 2 只适用电路图
		三相自耦变压器，星形联结	
		可调压的单相自耦变压器	

（7）互感器的图形符号见表 6-7。

表 6-7　　互感器的图形符号

常用图形符号		说明	应用类型
		电压互感器	电路图、接线图、系统图 形式 2 只适用电路图
		电流互感器，一般符号	电路图、接线图、平面图、总平面图、系统图 形式 2 只适用电路图
		具有两个铁心，每个铁心有一个次级绕组的电流互感器，其中形式 2 中的铁心符号可以略去	电路图、接线图、系统图 形式 2 只适用电路图
		在一个铁心上具有两个次级绕组的电流互感器，形式 2 中的铁心符号必须画出	

续表

常用图形符号		说明	应用类型
		具有三条穿线一次导体的脉冲变压器或电流互感器	电路图、接线图、系统图 形式2只适用电路图
	L1 L2 L3	三个电流互感器	

(8) 插座、按钮的图形符号见表6-8。

表6-8　　插座、按钮的图形符号

常用图形符号	说明	应用类型
	带保护极的电源插座	平面图
	单相二、三极电源插座	
	带保护极和单极开关的电源插座	平面图
	带隔离变压器的电源插座（剃须插座）	
	按钮	
	带指示灯的按钮	
	防止无意操作的按钮（如借助于打碎玻璃进行保护）	

（9）灯具的图形符号见表 6-9。

表 6-9　　　　灯具的图形符号

常用图形符号	说明	应用类型
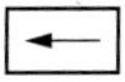	应急疏散指示标志灯（向左）	
	应急疏散指示标志灯（向左、向右）	
	专用电路上的应急照明灯	
	自带电源的应急照明灯	
	单管荧光灯	
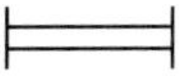	二管荧光灯	
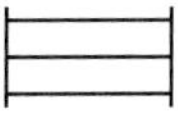	三管荧光灯	平面图
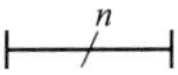	多管荧光灯，$n>3$	
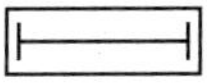	单管格栅灯	
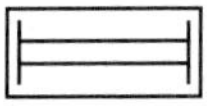	双管格栅灯	
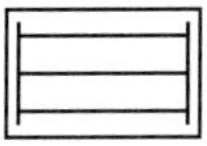	三管格栅灯	
	投光灯，一般符号	
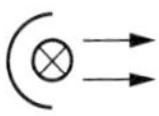	聚光灯	

3. 常见弱电图形符号

（1）火灾自动报警与消防联动控制系统常用图形符号见表 6-10。

表 6-10　火灾自动报警与消防联动控制系统常用图形符号

常用图形符号		说明	应用类型
形式 1	形式 2		
		感温火灾探测器（线型）	平面图、系统图
		感烟火灾探测器（点型）	
N		感烟火灾探测器（点型、非地址码型）	
EX		感烟火灾探测器（点型、防爆型）	
		感光火灾探测器（点型）	
		红外感光火灾探测器（点型）	
		紫外感光火灾探测器（点型）	
		可燃气体探测器（点型）	
		复合式感光感温火灾探测器（点型）	
		复合式感光感烟火灾探测器（点型）	
		差定温火灾探测器（线型）	
		光束感烟火灾探测器（线型，发射部分）	
		光束感烟火灾探测器（线型，接受部分）	
		复合式感温感烟火灾探测器（点型）	

续表

常用图形符号		说明	应用类型
形式 1	形式 2		
		光束感烟感温火灾探测器（线型，发射部分）	平面图、系统图
		光束感烟感温火灾探测器（线型，接受部分）	
		手动火灾报警按钮	
		消火栓启泵按钮	
		火警电话	
		火警电话插孔（对讲电话插孔）	
		带火警电话插孔的手动报警按钮	
		火警电铃	
		火灾发声警报器	
		火灾光警报器	
		火灾声光警报器	
		火灾应急广播扬声器	
	L	水流指示器	
P		压力开关	
70℃		70℃动作的常开防火阀	
280℃		280℃动作的常开排烟阀	
280℃		280℃动作的常闭排烟阀	
		加压送风口	
SE		排烟口	

（2）安全防范系统常用图形符号见表 6-11。

表 6-11　　安全防范系统常用图形符号

常用图形符号		说明	应用类型
形式 1	形式 2		
		摄像机	平面图、系统图
		彩色摄像机	
		彩色转黑白摄像机	
		带云台的摄像机	
OH		有室外防护罩的摄像机	
IP		网络（数字）摄像机	
IR		红外摄像机	
IR		红外带照明灯摄像机	
H		半球形摄像机	
R		全球形摄像机	
		监视器	
		彩色监视器	
		读卡器	
KP		键盘读卡器	
		保安巡查打卡器	
		紧急脚挑开关	
		紧急按钮开关	
		门磁开关	
B		玻璃破碎探测器	
A		振动探测器	
IR		被动红外入侵探测器	
M		微波入侵探测器	
IRM		被动红外/微波双技术探测器	

续表

常用图形符号		说明	应用类型
形式 1	形式 2		
Tx -IR- Rx		主动红外探测器	平面图、系统图
Tx -M- Rx		遮挡式微波探测器	
□ -L- □		埋入线电场扰动探测器	
□ -C- □		弯曲或振动电缆探测器	

（3）通信及综合布线系统常用图形符号见表 6-12。

表 6-12　　通信及综合布线系统常用图形符号

常用图形符号		说明	应用类型
形式 1	形式 2		
MDF		总配线架（柜）	系统图、平面图
ODF		光纤配线架（柜）	
IDF		中间配线架（柜）	
BD	BD	建筑物配线架（柜），有跳线连接	系统图
FD	FD	楼层配线架（柜），有跳线连接	
CD		建筑群配线架（柜）	平面图、系统图
BD		建筑物配线架（柜）	
FD		楼层配线架（柜）	
HUB		集线器	
SW		交换机	
CP		集合点	
LIU		光纤连接盘	
TP	TP	电话插座	

续表

常用图形符号		说明	应用类型
形式 1	形式 2		
TD	TD	数据插座	平面图、系统图
TO	TO	信息插座	
nTO	nTO	n 孔信息插座，n 为信息孔数量	
○ MUTO		多用户信息插座	

（4）广播系统常用的图形符号见表 6-13。

表 6-13　广播系统常用的图形符号

常用图形符号	说明	应用类型
	传声器，一般符号	系统图、平面图
注1	扬声器，一般符号	
	嵌入式安装扬声器箱	平面图
注1	扬声器箱、音箱、声柱	
	号筒式扬声器	系统图、平面图
	调谐器、无线电接收机	接线图、平面图、总平面图、系统图
注2	放大器，一般符号	
M	传声器插座	平面图、总平面图、系统图

注　1. 当扬声器箱、音箱、声柱需要区分不同的安装形式时，宜在符号旁标注下列字母：C—吸顶式安装；R—嵌入式安装；W—壁挂式安装。

2. 当放大器需要区分不同的类型时，宜在符号旁标注下列字母：A—扩大机；PRA—前置放大器；AP—功率放大器。

（5）有线电视及卫星电视图形符号见表 6-14。

表 6-14　有线电视及卫星电视图形符号

常用图形符号		说明	应用类型
形式 1	形式 2		
		天线，一般符号	电路图、接线图、平面图、总平面图、系统图
		带馈线的抛物面天线	
		有本地天线引入的前端（符号表示一条馈线支路）	平面图、总平面图
		无本地天线引入的前端（符号表示一条输入和一条输出通路）	
		放大器、中继器一般符号（三角形指向传输方向）	电路图、接线图、平面图、总平面图、系统图
		双向分配放大器	
		均衡器	平面图、总平面图、系统图
		可变均衡器	
A		固定衰减器	电路图、接线图、系统图
A		可变衰减器	
	DEM	解调器	接线图、系统图 形式 2 用于平面图
	MO	调制器	
	MOD	调制解调器	
		两路分配器	电路图、接线图、平面图、系统图
		三路分配器	

续表

常用图形符号		说明	应用类型
形式1	形式2		
		四路分配器	电路图、接线图、平面图、系统图
		分支器（表示一个信号分支）	
		分支器（表示两个信号分支）	
		分支器（表示四个信号分支）	
		混合器（表示两路混合器，信息流从左到右）	

二、电气技术中的文字符号

1. 电气设备常用文字符号见表6-15。

表6-15　　电气设备常用文字符号

项目种类	设备、装置和元件名称	参照代号的字母代码	
		主类代码	含子类代码
两种或两种以上的用途或任务	35kV开关柜	A	AH
	20kV开关柜		AJ
	10kV开关柜		AK
	6kV开关柜		—
	低压配电柜		AN
	并联电容器箱（柜、屏）		ACC
	直流配电箱（柜、屏）		AD
	保护箱（柜、屏）		AR
	电能计量箱（柜、屏）		AM
	信号箱（柜、屏）		AS
	电源自动切换箱（柜、屏）		AT
	动力配电箱（柜、屏）		AP
	应急动力配电箱（柜、屏）		APE
	控制箱、操作箱（柜、屏）		AC

续表

项目种类	设备、装置和元件名称	参照代号的字母代码	
		主类代码	含子类代码
两种或两种以上的用途或任务	励磁箱（柜、屏）	A	AE
	照明配电箱（柜、屏）		AL
	应急照明配电箱（柜、屏）		ALE
	电度表箱（柜、屏）		AW
	弱电系统设备箱（柜、屏）		—
把某一输入变量（物理性质、条件或事件）转换为供进一步处理的信号	热过载继电器	B	BB
	保护继电器		BB
	电流互感器		BE
	电压互感器		BE
	测量继电器		BE
	测量电阻（分流）		BE
	测量变送器		BE
	气表、水表		BF
	差压传感器		BF
	流量传感器		BF
	接近开关、位置开关		BG
	接近传感器		BG
	时钟、计时器		BK
	湿度计、湿度测量传感器		BM
	压力传感器		BP
	烟雾（感烟）探测器		BR
	感光（火焰）探测器		BR
	光电池		BR
	速度计、转速计		BS
	速度变换器		BS
	温度传感器、温度计		BT
	传声器		BX
	视频摄像机		BX
	火灾探测器		—
	气体探测器		
	测量变换器		
	位置测量传感器		BG
	液位测量传感器		BL

续表

项目种类	设备、装置和元件名称	参照代号的字母代码	
		主类代码	含子类代码
材料、能量或信号的存储	电容器	C	CA
	线圈		CB
	硬盘		CF
	存储器		CF
	磁带记录仪、磁带机		CF
	录像机		CF
提供辐射能或热能	白炽灯、荧光灯	E	EA
	紫外灯		EA
	电炉、电暖炉		EB
	电热、电热丝		EB
	灯、灯泡		—
	激光器		
	发光设备		
	辐射器		
直接防止（自动）能量流、信息流、人身或设备发生危险的或意外的情况，包括用于防护的系统和设备	热过载释放器	F	FD
	熔断器		FA
	安全栅		FC
	电涌保护器		FC
	接闪器		FE
	接闪杆		FE
	保护阳极（阴极）		FR
启动能量流或材料流，产生用作信息载体或参考源的信号。生产一种新能量、材料或产品	发电机	G	GA
	直流发电机		GA
	电动发电机组		GA
	柴油发电机组		GA
	蓄电池、干电池		GB
	燃料电池		GB
	太阳能电池		GC
	信号发生器		GF
	不间断电源		GU

续表

项目种类	设备、装置和元件名称	参照代号的字母代码	
		主类代码	含子类代码
处理（接收、加工和提供）信号或信息（用于保护目的的项目除外，见F类）	继电器	K	KF
	时间继电器		KF
	控制器（电、电子）		KF
	输入、输出模块		KF
	接收机		KF
	发射机		KF
	光耦器		KF
	控制器（光、声学）		KG
	阀门控制器		KH
	瞬时接触继电器		KA
	电流继电器		KC
	电压继电器		KV
	信号继电器		KS
	气体保护继电器		KB
	压力继电器		KPR
提供用于驱动的机械能量（旋转或线性机械运动）	电动机	M	MA
	直线电动机		MA
	电磁驱动		MB
	励磁线圈		MB
	执行器		ML
	弹簧储能装置		ML
信息表述	打印机	P	PE
	录音机		PF
	电压表		PV
	警告灯、信号灯		PG
	监视器、显示器		PG
	LED（发光二极管）		PG
	铃、钟		PB
	计量表		PG
	电流表		PA

续表

项目种类	设备、装置和元件名称	参照代号的字母代码	
		主类代码	含子类代码
信息表述	电度表	P	PJ
	时钟、操作时间表		PT
	无功电度表		PJR
	最大需用量表		PM
	有功功率表		PW
	功率因数表		PPF
	无功电流表		PAR
	（脉冲）计数器		PC
	记录仪器		PS
	频率表		PF
	相位表		PPA
	转速表		PT
	同位指示器		PS
	无色信号灯		PG
	白色信号灯		PGW
	红色信号灯		PGR
	绿色信号灯		PGG
	黄色信号灯		PGY
	显示器		PC
	温度计、液位计		PG
受控切换或改变能量流、信号流或材料流（对于控制电路中的信号，见K类或S类）	断路器	Q	QA
	接触器		QAC
	晶闸管、电动机启动器		QA
	隔离器、隔离开关		QB
	熔断器式隔离器		QB
	熔断器式隔离开关		QB
	接地开关		QC
	旁路断路器		QD
	电源转换开关		QCS
	剩余电流保护断路器		QR

续表

项目种类	设备、装置和元件名称	参照代号的字母代码	
		主类代码	含子类代码
受控切换或改变能量流、信号流或材料流（对于控制电路中的信号，见K类或S类）	软启动器	Q	QAS
	综合启动器		QCS
	星-三角启动器		QSD
	自耦降压启动器		QTS
	转子变组式启动器		QRS
限制或稳定能量、信息或材料的运动或流动	电阻器、二极管	R	RA
	电抗线圈		RA
	滤波器、均衡器		RF
	电磁锁		RL
	限流器		RN
	电感器		—
把手动操作转变为进一步处理的特定信号	控制开关	S	SF
	按钮开关		SF
	多位开关（选择开关）		SAC
	启动按钮		SF
	停止按钮		SS
	复位按钮		SR
	试验按钮		ST
	电压表切换开关		SV
	电流表切换开关		SA
保持能量性质不变的能量变换，已建立的信号保持信息内容不变的变换，材料形态或形状的变换	变频器、频率转换器	T	TA
	电力变压器		TA
	DC/DC 转换器		TA
	整流器、AC/DC 变换器		TB
	天线、放大器		TF
	调制器、解调器		TF
	隔离变压器		TF
	控制变压器		TC
	整流变压器		TR
	照明变压器		TL
	有载调压变压器		TLC
	自耦变压器		TT

续表

项目种类	设备、装置和元件名称	参照代号的字母代码	
		主类代码	含子类代码
保护物体在指定位置	支柱绝缘子	U	UB
	强电梯架、托盘和槽盒		UB
	瓷瓶		UB
	弱电梯架、托盘和槽盒		UG
	绝缘子		—
从一地到另一地导引或输送能量、信号、材料或产品	高压母线、母线槽	W	WA
	高压配电线缆		WB
	低压母线、母线槽		WC
	低压配电线缆		WD
	数据总线		WF
	控制电缆、测量电缆		WG
	光缆、光纤		WH
	信号线路		WS
	电力线路		WP
	照明线路		WL
	应急电力线路		WPE
	应急照明线路		WLE
	滑触线		WT
连接物	高压端子、接线盒	X	XB
	高压电缆头		XB
	低压端子、端子板		XD
	过路接线盒、接线端子箱		XD
	低压电缆头		XD
	插座、插座箱		XD
	接地端子、屏蔽接地端子		XE
	信号分配器		XG
	信号插头连接器		XG
	（光学）信号连接		XH
	连接器		—
	插头		

2. 常用辅助文字符号

(1) 强电设备辅助文字符号见表6-16。

表6-16 强电设备辅助文字符号

文字符号	名称	文字符号	名称
DB	配电屏(箱)	LB	照明配电箱
UPS	不间断电源装置(箱)	ELB	应急照明配电箱
EPS	应急电源装置(箱)	WB	电度表箱
MEB	总等电位端子箱	IB	仪表箱
LEB	局部等电位端子箱	MS	电动机启动器
SB	信号箱	SDS	星-三角启动器
TB	电源切换箱	SAT	自耦降压启动器
PB	动力配电箱	ST	软启动器
EPB	应急动力配电箱	HDR	烘手器
CB	控制箱、操作箱		

(2) 弱电设备辅助文字符号见表6-17。

表6-17 弱电设备辅助文字符号

文字符号	名称	文字符号	名称
DDC	直接数字控制器	KY	操作键盘
BAS	建筑设备监控系统设备箱	STB	机顶盒
BC	广播系统设备箱	VAD	音量调节器
CF	会议系统设备箱	DC	门禁控制器
SC	安防系统设备箱	VD	视频分配器
NT	网络系统设备箱	VS	视频顺序切换器
TP	电话系统设备箱	VA	视频补偿器
TV	电视系统设备箱	TG	时间信号发生器
HD	家居配线箱	CPU	计算机
HC	家居控制器	DVR	数字硬盘录像机
HE	家居配电箱	DEM	解调器
DEC	解码器	MO	调制器
VS	视频服务器	MOD	调制解调器

3. 电气设备的标注方法

电气设备的标注方法见表6-18。

表 6-18　　电气设备的标注方法

标注方式	说　明
$\frac{a}{b}$	用电设备标注 a——设备编号或设备位号 b——额定功率（kW 或 kVA）
—a+b/c	系统图电气箱（柜、屏）标注 a——设备种类代号 b——设备安装位置的位置代号 c——设备型号
—a	平面图电气箱（柜、屏）标注 a——设备种类代号
a　b/c　d	照明、安全、控制变压器标注 a——设备种类代号 b/c——一次电压/二次电压 d——额定容量
$a-b\,\frac{c\times d\times L}{e}f$	照明灯具标注 a——灯数 b——型号或编号（无则省略） c——每盏照明灯具的灯泡数 d——灯泡安装容量 e——灯泡安装高度（m），“—”表示吸顶安装 f——安装方式 L——光源种类
$\frac{a\times b}{c}$	电缆桥架标注 a——电缆桥架宽度（mm） b——电缆桥架高度（mm） c——电缆桥架安装高度（m）
a　b—c（d×e+f×g）i—jh	线路的标注 a——线缆编号 b——型号（不需要可省略） c——线缆根数 d——电缆线芯数 e——线芯截面（mm^2） f——PE、N 线芯数 g——线芯截面（mm^2） i——线路敷设方式 j——线路敷设部位 h——线路敷设安装高度（m） 上述字母无内容，则省略该部分

4. 安装方式的文字标号

安装方式的文字符号见表 6-19。

表 6-19　　安装方式的文字符号

名称	标注文字符号
线路敷设方式的标注	
穿低压流体输送用焊接钢管敷设	SC
穿电线管敷设	MT
穿硬塑料导管敷设	PC
穿阻燃半硬塑料导管敷设	FPC
电缆桥架敷设	CL
金属线槽敷设	MR
塑料线槽敷设	PR
钢索敷设	M
穿塑料波纹电线管敷设	KPC
穿可挠金属电线保护套管敷设	CP
直埋敷设	DB
电缆沟敷设	TC
电缆排管敷设	CE
导线敷设部位的标注	
沿或跨梁（屋架）敷设	AB
暗敷在梁内	BC
沿或跨柱敷设	AC
暗敷设在柱内	CLC
沿墙面敷设	WS
暗敷设在墙内	WC
沿天棚或顶板面敷设	CE
暗敷设在屋面或顶板内	CC
吊顶内敷设	SCE
地板或地面下敷设	FC

续表

名称	标注文字符号
灯具安装方式的标注	
线吊式	SW
链吊式	CS
管吊式	DS
壁装式	W
吸顶式	C
嵌入式	R
顶棚内安装	CR
墙壁内安装	WR
支架上安装	S
柱上安装	CL
座装	HM

三、电气技术中的项目代号

国家标准《电气技术中的项目代号》（GB/T 5094—1985）现已作废，由《工业系统、装置与设备以及工业产品结构原则与参照代号　第3部分：应用指南》（GB/T 5094.3—2005）替代。详见以下内容：

《工业系统、装置与设备以及工业产品结构原则与参照代号　第3部分：应用指南》（GB/T 5094.3—2005）中4.1.4项目的标识。

《工业系统、装置与设备以及工业产品结构原则与参照代号　第1部分：基本规则》（GB/T 5094.1—2002）和《工业系统、装置与设备以及工业产品结构原则与参照代号第2部分：项目的分类及分类码》（GB/T 5094.2—2003）描述了如何设计一个系统内全部所关注项目的不会混淆的参照代号。

1. 系统内的端子标识

《工业系统、装置与设备以及工业产品系统内端子的标识》（GB/T 18656—2002）描述了如何设计一个系统内的不会混淆的端子代号。这是通过把所研究项目的参照代号和标于该项目上的端子组合在一起来实现的。

2. 系统内的信号标识

《工业系统、装置与设备以及工业产品　信号代号》（GB/T 16679—2009）描述了如何设计一个系统内的不会混淆的信号代号。这是通过把系统某组成项目中唯一的信号名和该项目的参照代号组合在一起来实现的。

3. 信息的重复使用

《工业系统、装置与设备以及工业产品结构原则与参照代号　第1部分：基本规则》（GB/T 5094.1—2002）和《工业系统、装置与设备以及工业产品结构原则与参照代号　第2部分：项目的分类及分类码》（GB/T 5094.2—2003）可用于定义和标识重复出现的项目。如前所述，文件标准支持这些项目的文件作为独立的信息单元，这些独立的信息单元就可用作构件，并以不同的详细程度制成文件。

可以建立自动化程序或设施，以便从较高层次的同一项目的特性规范中产生较低层次的信息。这反过来使得项目的规划设计方案水平提高。

《工业系统、装置与设备以及工业产品结构原则与参照代号》（GB/T 5094）所描述的参照代号系统可以在两个方面（向上和向下）扩展。这种性质是能够简单地重复使用信息和文件并能够分层处理的必要条件。作为项目组成部分的某一项目，给予它的参照代号常常是相对项目而言的。参照代号没有固定的格式。

4. 构建具备的附加好处

构建是规划设计的一种有效工具，它不仅仅是建立参照代号的基础，更重要的任务是去定义适当的项目。

从实用的观点看，构建可以用不同的方法来实现，没有限定的实现方法，因而重要的是明确目标。项目的定义和构建应从所有的相关方面支持并方便规划设计过程。构建并不希望成为设计的额外负担，而应成为使整个过程更方便的手段。

5. 参照代号的用途

代号可用于不同的目的。最简单的应用是给予一种实物零件以某种形式的代码，该代码在文件中是用来表示该零件的。这种情况没有必要全部应用《工业系统、装置与设备以及工业产品结构原则与参照代号　第1部分：基本规则》（GB/T 5094.1—2002）中规定的原则。可用数量较少的代号如编号或简单编码来完成。应该清楚，纯数字代号是可能的。对于任何的代号系统，应当考虑的是，代号只标识项目范围内的一个项目，该项目是项目的一个组成部分。

但是，当技术项目的信息，特别是较大成套设备或复杂产品的信息现在多半存储在扩充的数据库中时，就需要有寻址和检索该信息的系统手段。《工业系统、装置与设备以及工业产品结构原则与参照代号　第1部分：基本规则》（GB/T 5094.1—2002）所描述的参照代号系统连同按照《工业系统、装置与设备以及工业产品结构原则与参照代号　第2部分：项目的分类及分类码》（GB/T 5094.2—2003）的分类便很容易达到此目的。它使得按不同方面存储结构化的信息成为可能，并提供了结构化搜索信息的一种手段。

下面给出一些示例，表示可能的应用范围：

① 在建筑物履行特定任务的某些部件需定期接受检查（如与安全相关的部件）；

② 功能面参照代号帮助选择受影响的部件和检查表的打印；

③ 位置面参照代号表示部件安装位置；

④ 产品面参照代号帮助寻找所装设备组成部件的信息。

生产过程的规划从功能设计开始：

① 功能面参照代号允许系统存储过程任务的信息，而不考虑所描述的任务将如何完成。在工程设计的后一阶段将决定采用何种设备作为工具。借助于产品面参照代号，可以注出该设备的信息；

② 产品面参照代号和功能面参照代号间的关系保存在数据库中并补充以位置面参照代号。这样，从数据库中便将很容易得知在实现特定过程的任务中包含了哪些产品以及它们处于何处。这有可能估量出通过某一特定产品可实现哪些不同的任务。

IEC 61346—4 给出详细示例表明汇集的有关某一项目在其寿命周期内的信息量。为了管理这样的信息，《工业系统、装置与设备以及工业产品结构原则与参照代号　第 1 部分：基本规则》（GB/T 5094.1—2002）所描述的参照代号系统不可缺少。

参照代号是不同标识工作的主要基础（见图 6-1）。据此，数据库中的信息与它在不同的文件与物体的实际存在之间建立了可识别的链接。

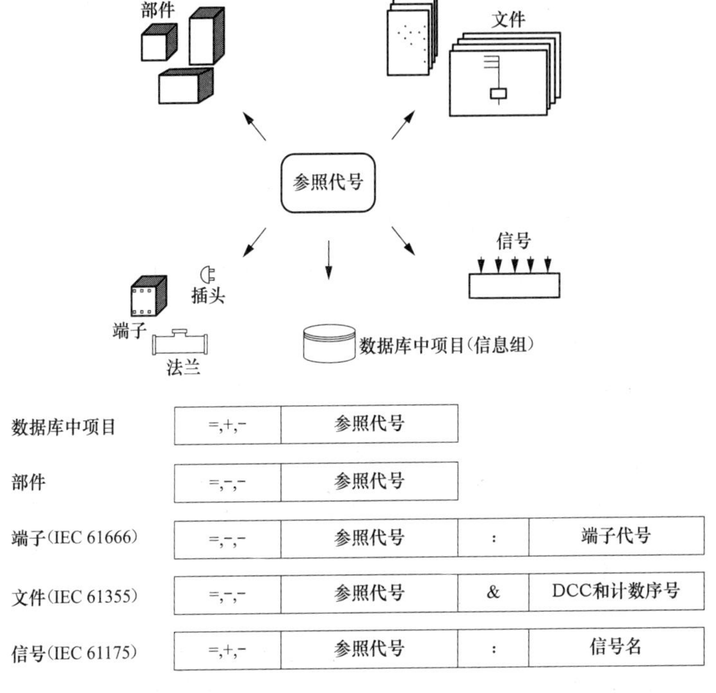

数据库中项目	=,+,-	参照代号		
部件	=,-,-	参照代号		
端子(IEC 61666)	=,-,-	参照代号	:	端子代号
文件(IEC 61355)	=,-,-	参照代号	&	DCC和计数序号
信号(IEC 61175)	=,+,-	参照代号	:	信号名

图 6-1　处于不同标识工作重心的参照代号

参照代号在按 IEC 61355 进行文件标识的情况下尤其起着重要的作用。这样，就有可能把文件和信息与工程设计所确定的某一项目直接关联起来。

它也使用户为了找到正确的用于特定用途的文件能够明确选择标准。

应该指出，参照代号并不解决所有的标识工作。标识及其范围在《工业系统、装置与设备以及工业产品结构原则与参照代号 第1部分：基本规则》（GB/T 5094.1—2002）的引言中描述。

6. 参照代号集

按照《工业系统、装置与设备以及工业产品结构原则与参照代号 第1部分：基本规则》（GB/T 5094.1—2002），参照代号集中至少有一个参照代号必须是单义的。以图 6-2 中输送机为例，可以确定如下的参照代号集（关于项目“液体 C 的生产”）：

=G3…

-G4

+R102 _

对输送机而言，功能面参照代号不是单义的，因为确信有其他设备（如控制柜）也加入到实现“起动液体 C 流”的任务。

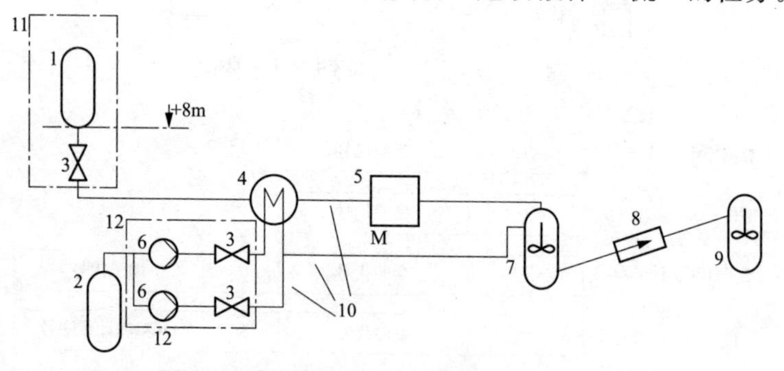

图 6-2 表示一生产流程主要部件的流程图

1—液体 A 槽；2—滚体 B 槽；3—阀门；4—热交换器；5—电热器；6—泵；7—混合器；8—输送机；9—液体 C 槽；10—管道；11—槽阀单元；12—泵阀单元

位置面参照代号不是单义的，因为输送器在此处不是唯一的组件。在此情况下，唯一的单义识别符是产品参照代号。图 6-3 所示为基于空间项目的树状结构，图 6-4 所示为基于设备项目的树状结构。

注：如果在文件中或支持文件中加以说明且不可能引起混乱的话，上面示例所示的水平省略符号可以省略。

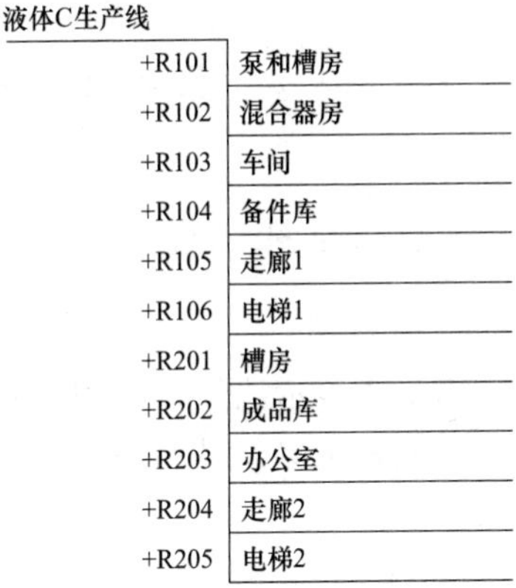

液体C生产线

+R101	泵和槽房
+R102	混合器房
+R103	车间
+R104	备件库
+R105	走廊1
+R106	电梯1
+R201	槽房
+R202	成品库
+R203	办公室
+R204	走廊2
+R205	电梯2

图 6-3　基于空间项目的树状结构

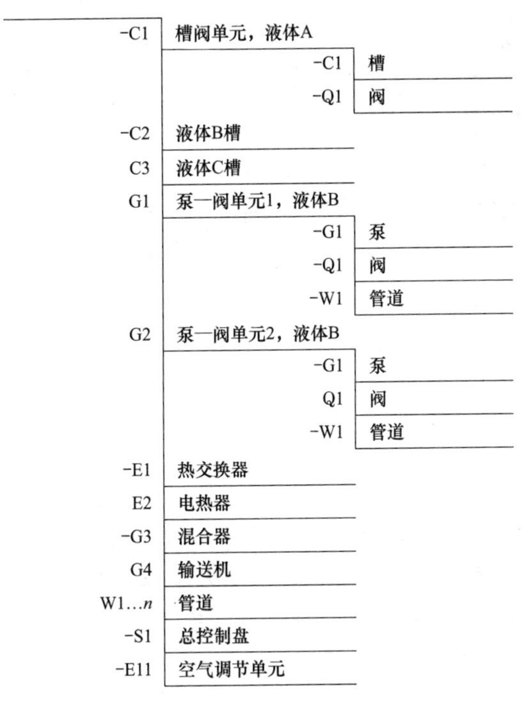

图 6-4　基于设备项目的树状结构

第二节 基本电气图

一、概略图、框图

1. 概略图

用单线表示法绘制，用图形符号、方框符号或带注释的线框概略地表示系统或成套装置的基本组成叫概略图，如图 6-5 所示。

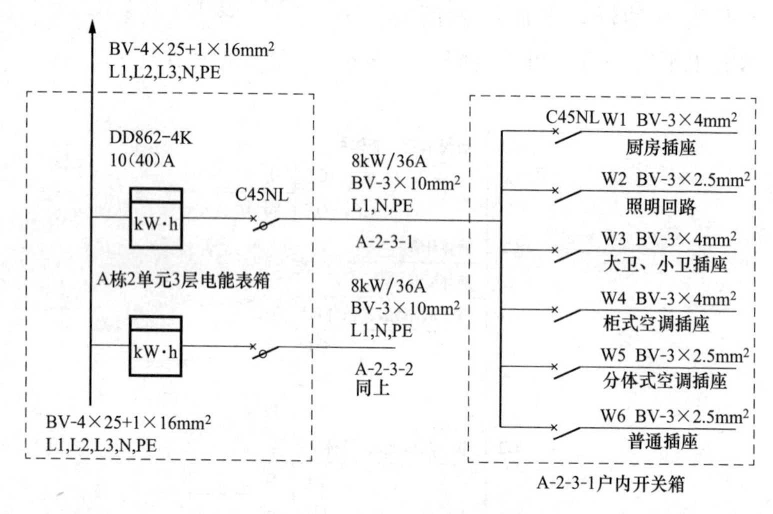

图 6-5 某用户照明配电概略图

2. 框图

用单线表示法绘制，用方框符号或带注释的线框概略地表示分系统或设备的基本组成、相互关系及主要特征的一种简图叫框图，如图 6-6 所示。

二、电路图

用图形符号代表实物，用实线表示电线的连接，并按电路、

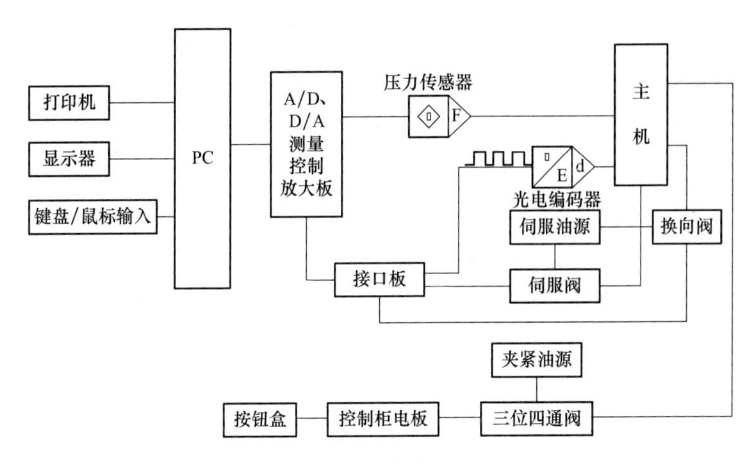

图 6-6 常见的简易框图

设备或成套装置的工作顺序排列详细表示其基本组成和连接关系，而不考虑其实际位置的简图叫电路图，如图 6-7 所示。

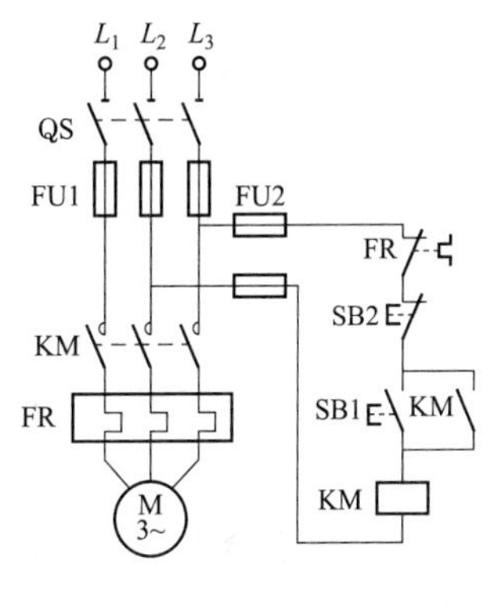

图 6-7 电动机单相控制电路图

三、接线图与接线表

接线图是表示产品内部各元件相对位置关系以及它们之间的电气连接关系的略图，即实体布线图。它是用来表达成套装置、设备或装置连接关系的一种简图；接线表用表格的形式表示这种连接关系，如图 6-8 所示。

接线图和接线表可以单独使用，也可以组合使用，一般以接线图为主，接线表给予补充。它们主要用于配线、检查和维修之中，故在生产现场得到广泛的应用。按照功能的不同，接线图和接线表分为以下几种：

（1）单元接线图和单元接线表；

（2）互连接线图和互连接线表；

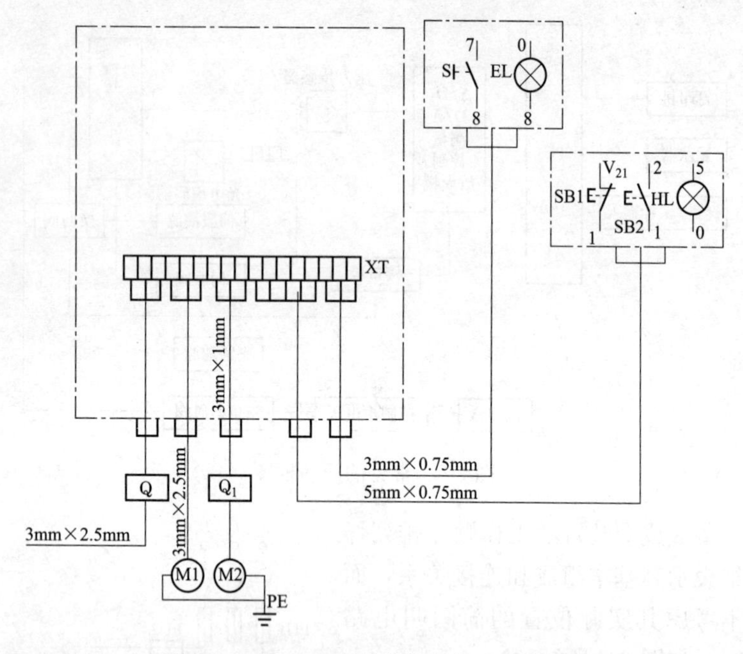

图 6-8　CW6132 型车床的电气互连接线图

（3）端子接线图和端子接线表；

（4）电缆配置图和电缆配置表。

接线图和接线表是一种最基本的电气图、表，它是进行安装接线、线路检查、维修和故障分析处理的主要依据。

第七章

计 算 机 绘 图

第一节　AutoCAD 2014 简介

AutoCAD 2014 为用户提供了 4 种操作界面，分别为“草图与注释”、“三维基础”、“三维建模”及“AutoCAD 经典”，同时用户还可以根据自己的需要设置工作空间并保存。学习软件前，需要学会设置合适的工作环境及其相应的功能。其中每个操作界面包括菜单栏、工具栏、选项板和功能区面板，将它们进行编组和组织来创建一个基于任务的绘图环境。

一、AutoCAD 2014 的工作界面

AutoCAD 2014 的操作界面包括：“草图与注释”工作界面，如图 7-1 所示；“AutoCAD 经典”工作界面，如图 7-2 所示；“三维基础”工作界面，如图 7-3 所示；“三维建模”工作界面，如图 7-4 所示。

二、界面内容

1. 标题栏

在 AutoCAD 2014 操作界面最上端是标题栏。标题栏中，显示了系统当前用户正在使用的图形文件和正在运行的应用程序。

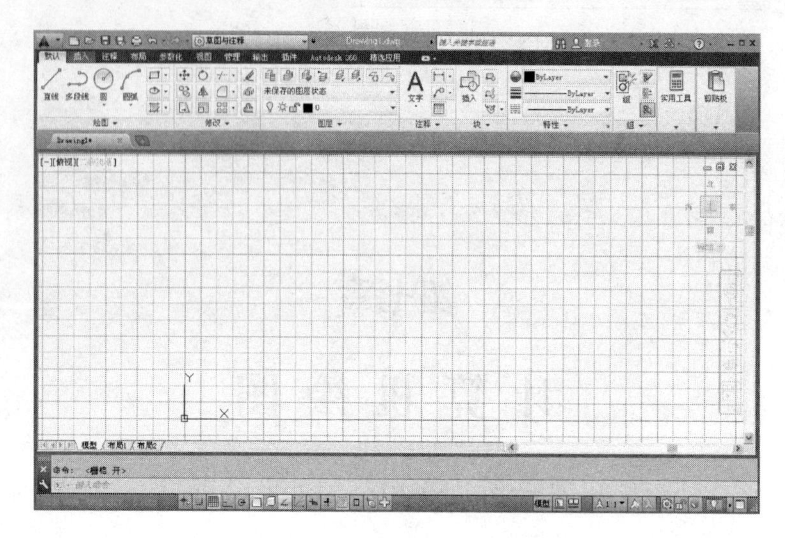

图 7-1 “草图与注释”工作界面

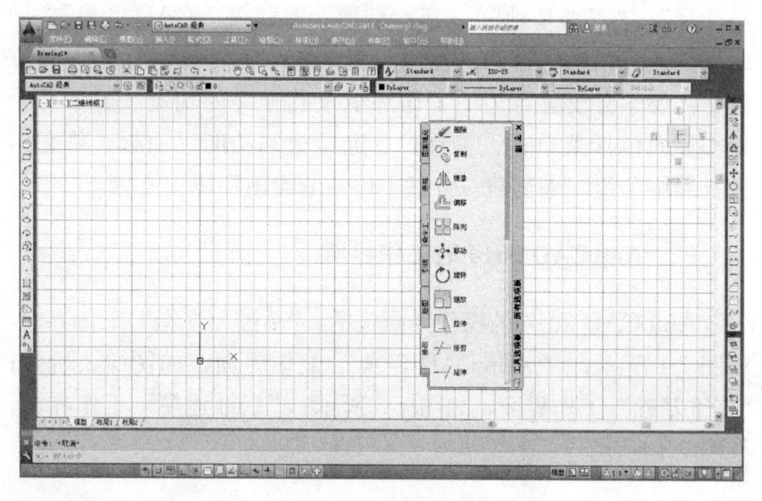

图 7-2 “AutoCAD 经典”工作界面

用户首次启动 AutoCAD 2014，在 AutoCAD 绘图窗口的标题栏中，将显示 AutoCAD 在启动时创建并打开的图形文件名称“Drawing1. dwg”。

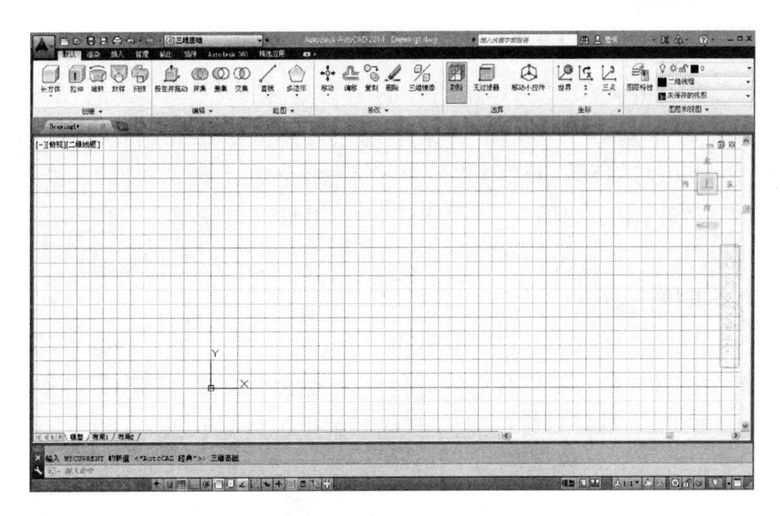

图 7-3 “三维基础”工作界面

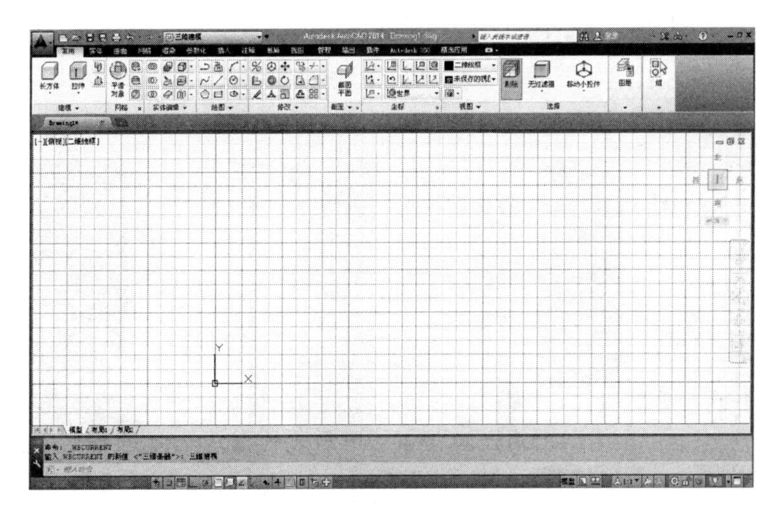

图 7-4 “三维建模”工作界面

标题栏右边的三个按钮，可以将 AutoCAD 2014 窗口最小化、最大化和还原及关闭。

2. 菜单栏

在 AutoCAD 2014 标题栏的下方是菜单栏。与其他 Windows 程序基本一样，单击菜单选项，会显示出相应的下拉菜单。AutoCAD 菜单栏中共包含了 12 个菜单，有“文件”、“编辑”、“视图”、“插入”、“格式”、“工具”、“绘图”、“标注”、“修改”、“参数”、“窗口”和“帮助”，包含了 AutoCAD 2014 的全部绘图命令。

AutoCAD 2014 下拉菜单的类型包括：带“▶”的菜单项、带“…”的菜单项和右边没有任何内容的菜单项。其中带“▶”的菜单项，表示该菜单后面带有子菜单，将光标放在上面会弹出它的子菜单。带有“…”的菜单项，表示单击该项后会弹出一个对话框。右边没有任何内容的菜单项，选择它可以直接执行一个相应的命令，在命令提示窗口中显示出相应的提示，如图 7-5 所示。

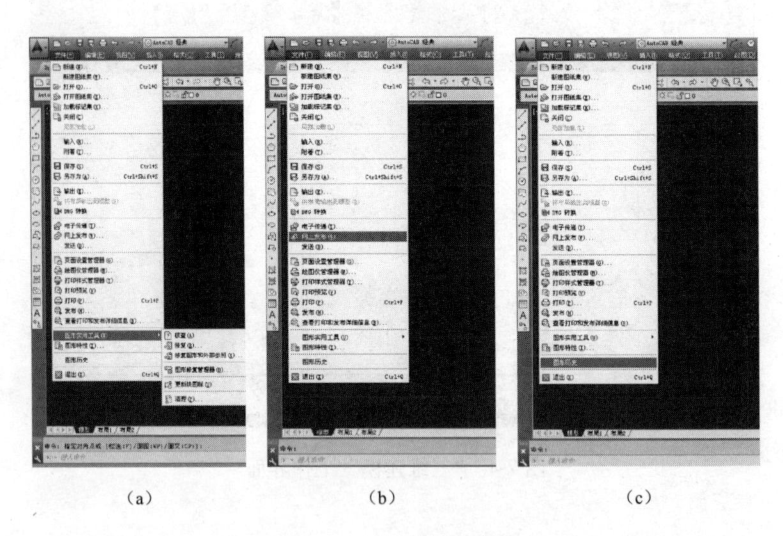

(a)　　(b)　　(c)

图 7-5 下拉菜单的类型

(a) 带“▶的菜单项；(b) 带有“…”的菜单项；(c) 没有任何内容的菜单项

3. 工具栏

工具栏是执行各种操作最便捷的途径，是一组图标型工具的集合。AutoCAD 2014 的标准菜单提供了 30 个工具栏，每一个工具栏都有一个名称。可以在工具栏任何位置右击调用任一工具栏，如图 7-6 所示。

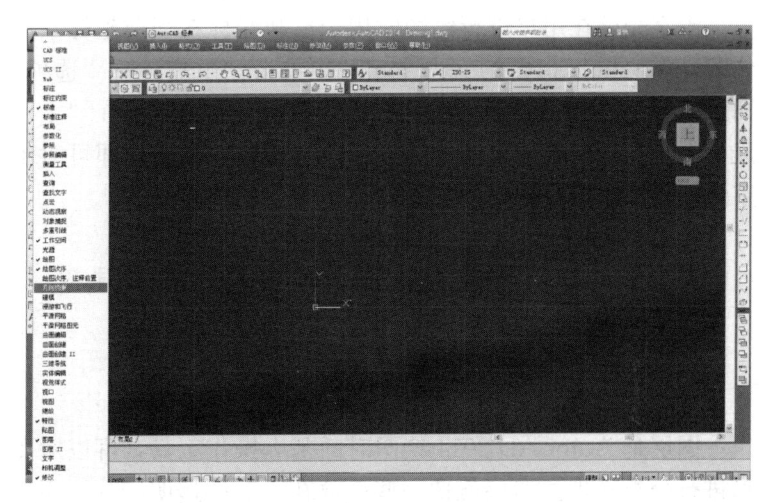

图 7-6 调用工具栏

4. 状态栏

状态栏在操作界面的左下端，其最左端是推断约束，依次是捕捉模式、栅格显示、正交模式、极轴追踪、对象捕捉、三维对象捕捉、对象捕捉追踪、允许/禁止动态 UCS、动态输入、显示/隐藏线宽、显示/隐藏透明度、快捷特性、选择循环、注释监视器共 15 个功能开关按钮。单击这些按钮，即可使用其相应的功能。

5. 命令行

命令行在操作界面最下方的位置，命令行是输入命令和显示命令的地方，可以输入各种命令然后显示提示。

6. 绘图区

绘图区是绘制、编辑和显示图形的空白区域，绘图区是用户完成设计图的主要工作区。

7. 坐标系

坐标系在绘图区的左下方，标注着 X 轴和 Y 轴的直角图标，是用户绘图使用的坐标系。

8. 十字光标

十字光标在用户进行绘图时用于反映光标在当前坐标系的位置，类似鼠标指针的一个十字线。单击“工具”→“选项”命令，打开“选项”对话框。选择“显示”选项卡，在“十字光标大小”选项组中拉动滑块，或者直接输入数值，即可对十字光标的大小进行调整。

第二节 基本绘图工具及鼠标滚轮的使用

一、图层的设置

图层是 AutoCAD 2014 绘图时的基本操作工具，可以对图形进行分类管理。图层就像一些叠放在一起的透明胶片，用户可以在不同的图层上绘制不同的图形，透过上面图层的透明区域可以清晰地看到下面图层中的图形。在绘图过程中，可以根据需要创建无限个图层，并为每个图层指定相应的名称、颜色和线型等属性。

1. 利用图层管理图形

AutoCAD 2014 使用图层管理图形具有以下特点：

（1）利用图层管理图形，可以根据图形的复杂程度将图形分为若干个组，每一组都在一个单独的图层中。

（2）在绘图过程中，可以随时将指定的图层设置为当前图层，以便在该图层中绘制图形，并可以根据需要打开、关闭、锁定或冻结某一图层。

（3）可以为每个图层分别指定不同的颜色、线型和线宽等属性。当在某图层中绘制图形时，绘制的图形将具有与此图层相同的颜色、线型和线宽等属性。

2. 创建新图层

在 AutoCAD 2014 中创建新图层的操作方法如下：

（1）单击“图层”工具栏中的“图层特性管理器”按钮，弹出如图 7-7 所示的“图层特性管理器”窗口，用于创建和管理图层。每次创建新图形时，系统将自动创建一个名为“0”的特殊图层，此图层不可以重新命名，也不可以被删除。

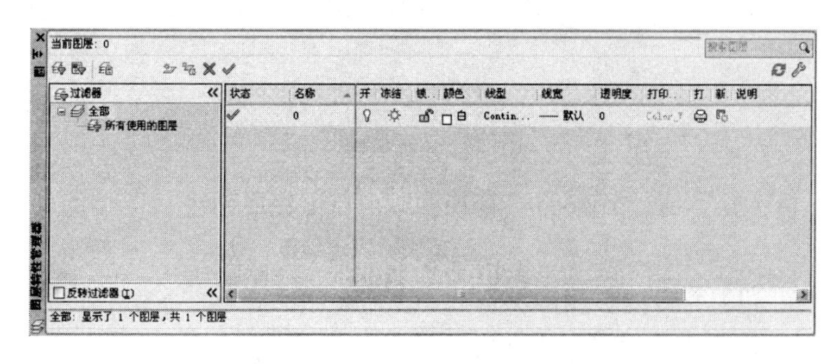

图 7-7 “图层特性管理器”窗口

（2）单击按钮新建图层，在图层列表中创建一个默认名称为“图层 1”的新图层，其名称反白显示。此时可以利用任意一种输入法为图层重新命名，如“轮廓线”。

（3）单击所建图层右侧的颜色块，弹出“选择颜色”对话框，在对话框中设置图层颜色，如“粉色”，然后单击“确定”按钮。

（4）单击所建图层的线型名称，弹出“选择线型”对话框，在对话框中选择需要的线型，然后单击“确定”按钮。如果对话框中没有需要的线型，可以单击“加载”按钮，加载所需线型。

（5）单击所建图层的线宽设置，弹出“线宽”对话框，在对话框中选择一种线宽，然后单击“确定”按钮。

（6）图层名称、颜色、线型和线宽等特性设置完毕后，单击“置为当前”按钮，可设置为当前层，此时在图层名称左侧将显示当前层标记，如图 7-8 所示。

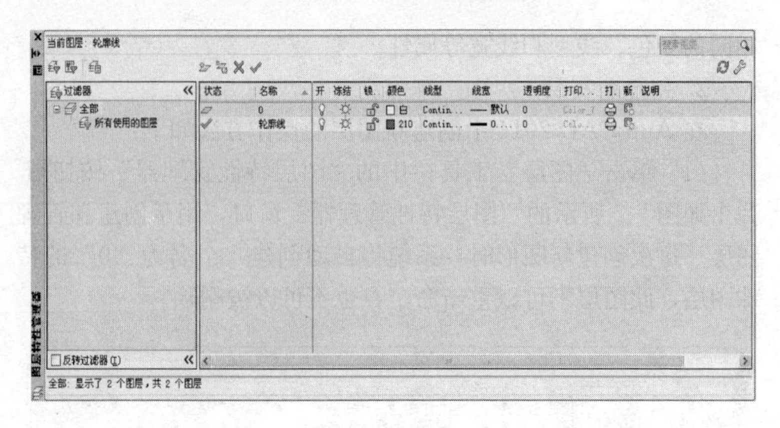

图 7-8 置为当前图层的“图层特性管理器”窗口

（7）关闭“图层特性管理器”窗口即完成创建。

3. 管理图层

（1）打开或关闭图层

打开或关闭图层的方法有两种。

1）在“图层特性管理器”窗口中单击图层右侧的黄色灯泡图标，会出现如图 7-9 所示的对话框，然后单击关闭当前图层使之变为蓝色灯泡图标，即可关闭此图层。再次单击蓝色灯泡图标，使之变为黄色灯泡图标，即可打开此图层。

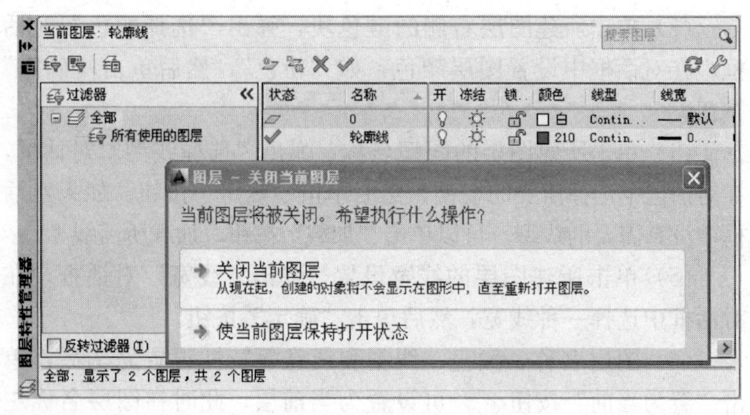

图 7-9 “关闭当前图层”对话框

2）单击“图层”工具栏中的下拉按钮，在弹出的下拉图层列表框中单击图层左侧的黄色灯泡图标，即可关闭此图层，同时黄色灯泡图标将处于熄灭状态，再次单击熄灭状态图标，即可再次打开此图层。

（2）删除图层。在绘图过程中，可以将没用的图层删除。操作方法是：在“图层特性管理器”窗口中选中要删除的图层单击按钮✖即可删除图层。

参照图层、当前图层、包含对象的图层和依赖外部参照的图层不能被删除。

（3）冻结与解冻图层。图层被冻结后，图层不再参与重生成计算且不显示在屏幕上，不能被编辑，不能被打印输出，被冻结的图层可以解冻恢复到原来的状态，可以减少重新生成图形时的计算时间，图层越复杂，越能体现出冻结图层的优越性。

冻结与解冻图层的方法和打开与关闭图层的设置相同，显示的图标分别为☼（图层未被冻结）和❄（图层被冻结）。

在 AutoCAD 2014 中，当前图层可以被关闭但不可被冻结，如果当前图层被关闭，仍可在当前图层中绘制图形，但绘制的图形将自动隐藏。

（4）锁定与解锁图层。图层被锁定后，仍然显示在屏幕中，而且可以在锁定的图层中绘制新的图形或打印输出，但不能对锁定图层中的图形进行修改编辑。

4. 图层锁定与解锁的操作方法

（1）在“图层”工具栏中，单击图标🔒可将锁定的图层解锁，此时解锁的图层显示🔓图标。单击🔓图标可锁定图层，此时锁定的图层显示🔒图标。

（2）在“图层特性管理器”窗口中可按在“图层”工具栏中的操作解锁与锁定图层。

5. 将图层设置为当前图层的方法

（1）在“图层特性管理器”窗口中选择一个图层，然后单击按钮✔，即可将此图层设置为当前图层。

（2）单击“图层”工具栏中的下拉按钮，在下拉图层列表框中选择要设置为当前图层的图层名，即可将此图层设置为当前图层，如图 7-10 所示。

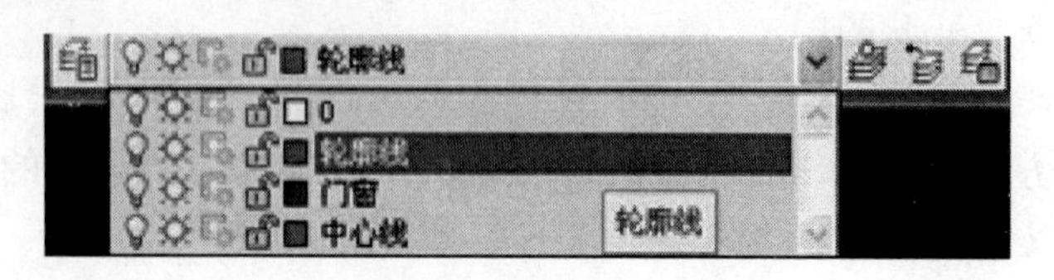

图 7-10 “图层”工具栏

（3）若将含有图形的图层设置为当前层，可单击“图层”工具栏中的“将对象的图层置为当前”按钮，使其图层成为当前图层的对象，这样就出现了当前图层。

（4）单击“图层”工具栏中的“上一个图层”按钮，将前一次设置的当前图层再次设置为当前图层，相当于撤销一次设置当前图层的操作。

二、颜色的设置

1. 颜色的设置方法

（1）菜单栏。选择“格式”→“颜色”命令。

（2）命令行。在命令行中输入 COLOR 命令。

2. 选择颜色选项卡

（1）“索引颜色”选项卡：在命令行中输入 COLOR 命令或者在菜单栏中选择“格式”→“颜色”命令，AutoCAD 就会打开如图 7-11 所示的“选择颜色”对话框，用户可以在系统所提供的索引表中选择所需颜色。

（2）“真彩色”选项卡：打开此选项卡，用户可以选择需要的颜色，如图 7-12 所示。可以拖动调色板中的颜色指示光标和“亮度”滑块选择颜色及其亮度。也可以通过“色调”、“饱和度”和“亮度”调节钮来选择需要的颜色。在此选项卡的右边，有一个“颜色模式”下拉列表框，默认的颜色模式为 HSL 模

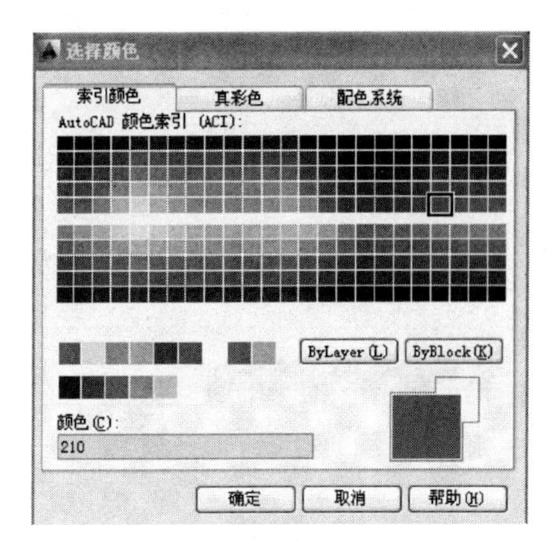

图 7-11 “索引颜色”选项卡

式。选择 RGB 模式，会变成如图 7-13 所示的效果。在此模式中选择颜色的方式和 HSL 模式类似。

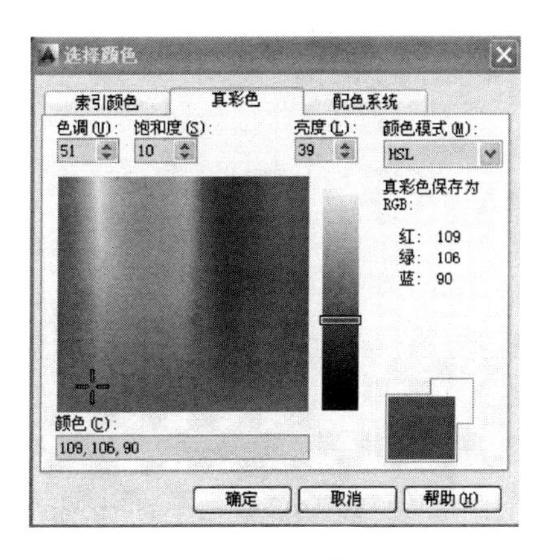

图 7-12 “真彩色”选项卡

(3)“配色系统”选项卡：打开此选项卡，用户可以从标准配色系统中选择预定义的颜色，如图 7-14 所示。可以在“配色系统”下拉列表框中选择需要的配色系统，然后拖动右边的滑块来选择具体的颜色，所选择的颜色编号将显示在下面的“颜色”文本框中，也可以直接在该文本框中输入编号值来选择颜色。

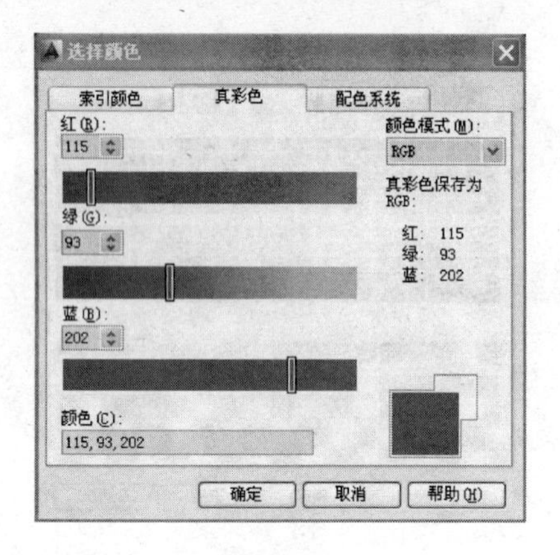

图 7-13 “真彩色”RGB 模式选项卡

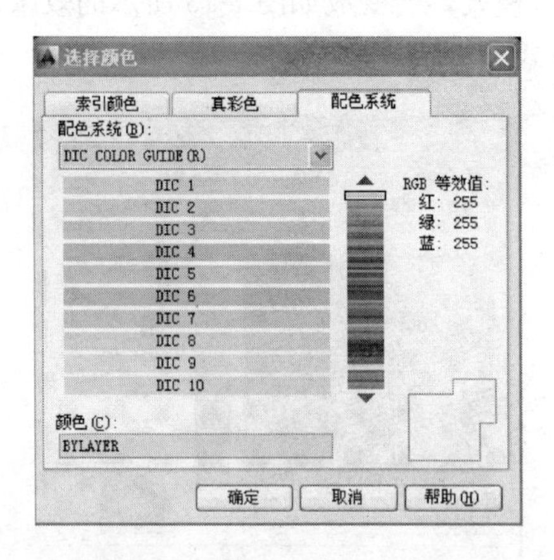

图 7-14 “配色系统”选项卡

三、精确绘图工具

精确定位工具是指能够帮助用户快速准确地定位某些特殊点（如端点、中点、圆心等）和特殊位置（如水平位置、垂直位置）的工具，AutoCAD 2014 提供了定位工具，用户可以很容易地找到要利用的点，进行精确绘图。

1. 对象捕捉

创建的每一个对象均有多个可供选取的特征点，用户可以利用这些点绘制其他对象。每当创建一个对象时，必须定义一个点或位置，而这些点必须是准确的，否则会影响图形的正确性。在绘图中使用对象捕捉工具是保证绘制出图形精准的必要条件。

(1) 启用对象捕捉功能的方法。

1) 命令行：输入 OSNAP 命令，在弹出的“草图设置”对话框中的“对象捕捉”选项卡中勾选“启用对象捕捉（F3）”复选框，如图 7-15 所示。

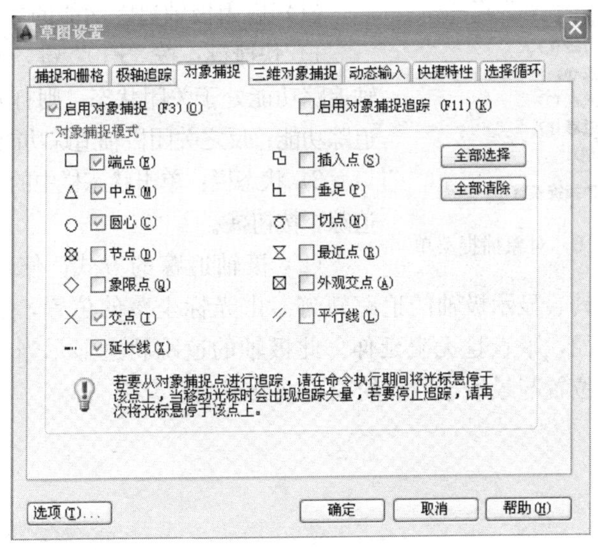

图 7-15 “草图设置”对话框

2) 状态栏：单击“对象捕捉”按钮□。

3) 快捷键：按“F3”键如果对象捕捉功能处于关闭状态，则打开对象捕捉功能；反之则关闭对象捕捉功能。

(2) 对象捕捉的方式。

1) 临时对象捕捉方式。在绘图区中，按住“Shift”键再右击，会弹出对象捕捉快捷菜单，如图 7-16 所示，选择需要的对象捕捉方式即可。

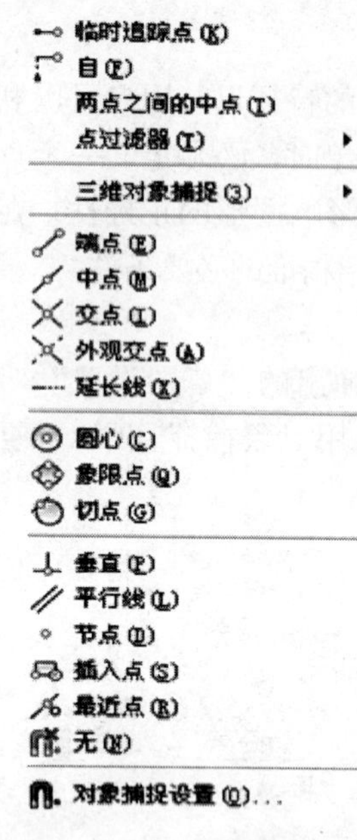

图 7-16 对象捕捉菜单

2）自动对象捕捉方式。当用户要多次使用同一个对象捕捉时，可以把它设置为自动对象捕捉，使用到用户关闭为止。自动对象捕捉方式的另一个特点是，可以同时设置多个对象捕捉。

2. 极轴追踪

使用极轴追踪工具创建对象，具备与使用坐标输入法同样的精确度且效率更高。

（1）启用极轴追踪功能的方法。

1）快捷键：按“F10”键，如果极轴追踪功能处于关闭状态，则打开极轴追踪功能；反之关闭极轴追踪功能。

2）状态栏：单击状态栏中的“极轴追踪”按钮。

（2）极轴追踪的方式。使用极轴追踪工具会显示极轴的追踪轨迹。由光标坐落的位置，显示出虚线路径，平直且无限延伸。此极轴的追踪轨迹显示当前光标所处的位置与最后选取点的关系（见图 7-17）。

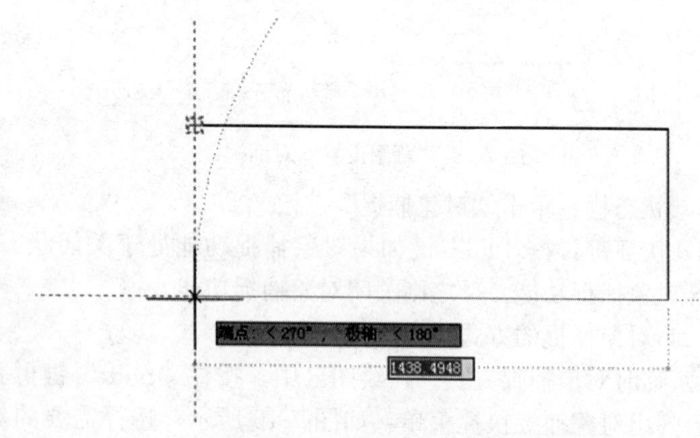

图 7-17 极轴追踪示意图

3. 对象追踪

如果要在图形上快速、精确地绘制或编辑对象，可以使用对象追踪工具参照现有对象创建有相对位置的几何对象。

(1) 启用对象追踪功能的方法。

1) 快捷键：按“F11”键，如果对象追踪功能处于关闭状态，则打开对象追踪功能；反之关闭对象追踪功能。

2) 状态栏：单击状态栏中的“对象捕捉追踪”按钮∠。

3) 对话框：在状态栏中的“对象捕捉追踪”按钮∠上单击鼠标右键，在弹出的快捷菜单中选择“设置”命令，弹出“草图设置”对话框，在“对象捕捉”选项卡中勾选“启用对象捕捉追踪（F11)”复选框，如图 7-18 所示。

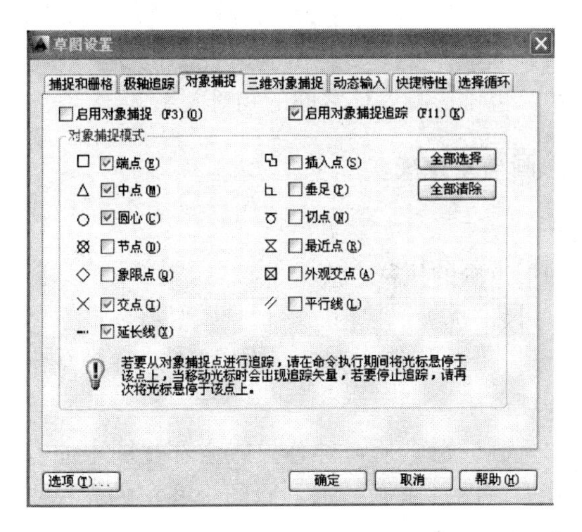

图 7-18 “草图设置（启用对象捕捉）”对话框

(2) 对象追踪的方式。如图 7-19 所示，以任意一点为圆心使圆过直线中点。如果不利用对象追踪工具，则需要分别通过直线的顶点绘制辅助直线，利用辅助直线的交点找到直线的中点，再绘制圆，之后再将作图线擦除或隐藏。使用对象追踪工具则可以简化过程，设置对象捕捉中点并打开对象捕捉功能，

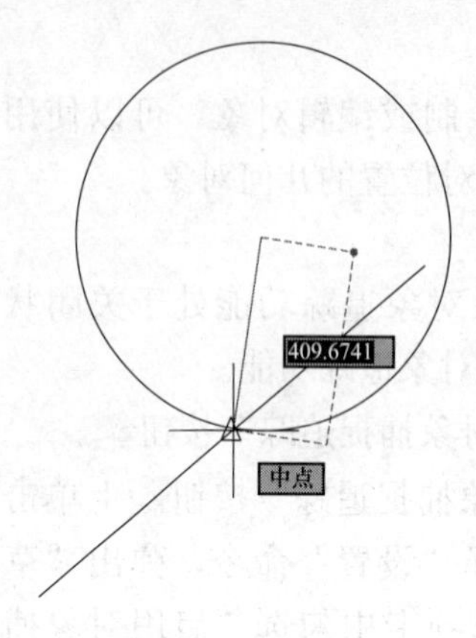

图 7-19 采用对象追踪方式画图

在绘制圆的时候，首先捕捉直线中点（只捕捉不拾取），会显示一个三角形的图标及参考追踪路径，并显示相交点，这个点为直线的中点，再指定圆心和半径，完成圆的绘制。

4. 显示控制

为了便于绘图操作，AutoCAD 2014 提供了一些控制图形显示的命令，一般这些命令只能改变图形在屏幕上的显示方式，可以按用户所期望的位置、比例和范围进行显示，以便于观察，但不会使图形产生实质性的改变，既不改变图形的实际尺寸，也不影响实体之间的相对关系。

四、重画与重生成

1. 图形的重画

（1）图形重画的执行方法。

1）菜单栏，选择“视图”→“重画”命令。

2）命令行。在命令行中输入 REDRAWALL 命令。

（2）选项说明。

执行“重画”命令后，屏幕上或全部视图中原有的图形消失，紧接着把该图形重画一遍。原图中残留的光标点，在重画后的图形中不再出现。

2. 图形的重生成

（1）图形重生成的执行方法。

1）菜单栏，选择“视图”→“重生成”命令。

2）命令行。在命令行中输入 REGEN 命令。

（2）选项说明。执行“重生成”命令后，重新生成全部图形并在屏幕上显示出来，只不过生成速度较慢，一般很少使用。

3. 图形的自动重新生成

在对图形进行编辑时，利用 REGENAUTO 命令可以自动地再生成整个图形，以确保屏幕上的显示能反映图的实际状态，保持视觉真度。

五、图形的平移

1. 图形平移的执行方法

(1) 命令区。在命令行中输入 PAN 或 P 命令。

(2) 功能区。单击“视图”→“二维导航”→“平移”按钮。

(3) 导航栏。单击实时平移按钮。

(4) 单击鼠标右键，在弹出的快捷菜单中选择“平移”命令。

2. 选项说明

单击鼠标右键，在弹出快捷菜单中选择“平移”命令时，会出现一个小手的标志，用户可以上、下、左、右拖动图形，将窗口移到图形新的位置。

六、图形的缩放

1. 实时缩放

(1) 图形缩放的执行方法。

1) 命令行。在命令行中输入 ZOOM 命令。

2) 菜单栏。选择“视图”→“缩放”→“实时”命令。

3) 工具栏。单击实时缩放按钮。

(2) 选项说明。选择“实时缩放”命令后，按住鼠标左键向上拖拽，显示界面放大；向下拖拽则缩小。

2. 范围缩放

范围缩放是使图形中所有的对象最大化地显示在屏幕上。当绘制的图形仅占屏幕上一小部分时或图形放大仅部分显示时，

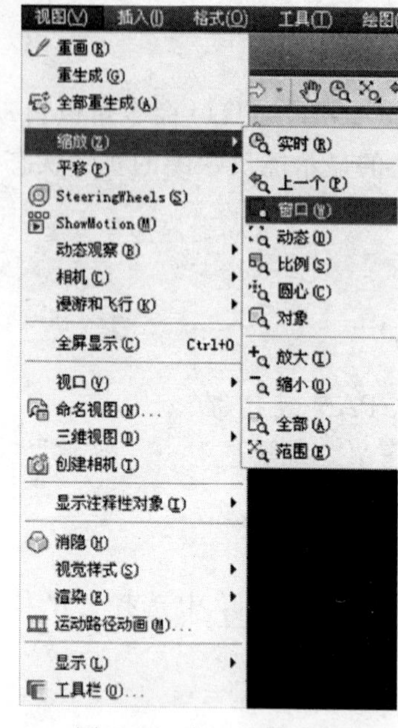

图 7-20　窗口缩放选择

单击“范围缩放”按钮，AutoCAD 将所有的图形对象尽量地放大到整个屏幕，而不受图形界限的影响。

3. 窗口缩放

窗口缩放是在当前图形中选择一个矩形区域，将该区域的所有图形放大到整个屏幕。

具体操作方法如下。

(1) 单击功能区“视图”→“缩放”→“窗口”按钮，如图 7-20 所示。

(2) 确定窗口缩放区域。用鼠标指针拾取 A 点和 B 点，拖出一个矩形，则 AutoCAD 将矩形窗口内的对象尽量地放大到整个屏幕。

4. 其他缩放

AutoCAD 2014 除了上述的实时、范围、窗口缩放以外，还提供了其他缩放工具以方便用户使用。其他缩放工具的调用方法如下：

(1) 命令行。在命令行中输入 ZOOM 或 Z 命令可以列出各种缩放功能的选项。

(2) 功能区。在“视图”→“缩放”子菜单中有所有的缩放命令，根据需要选择即可，如图 7-20 所示。

(3) 工具栏。单击缩放功能下拉按钮，弹出下拉列表，如图 7-21 所示。

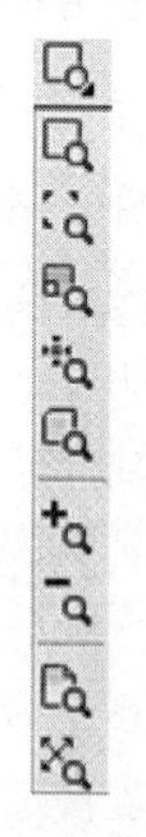

图 7-21　缩放下拉列表

七、鼠标滚轮的使用

鼠标滚轮在输入设备中是使用极为便利的，滚动滚轮可以做细微的实时缩放，也可以用鼠标执行平移功能，而不需要其他命令。

滚轮的应用与功能包括以下几点：

（1）双击滚轮：和范围缩放具有相同的功能，整个图形充满绘图区域。

（2）按住滚轮并拖拽：平移界面。

（3）滚轮向前滚动：放大显示界面。

（4）滚轮向后滚动：缩小显示界面。

（5）按住“Ctrl”键及滚轮并拖曳：动态平移。

（6）按住“Shift”键及滚轮并拖曳：旋转界面。

第三节　夹点编辑对象

一、夹点的概念和功能

夹点是指图形对象上的一些特征点，如端点、顶点、中心点等。夹点是决定图形的位置和形状的点。用户可点取欲编辑的对象，或按住鼠标左键拖出一个矩形框，框住欲编辑的对象。松开后，所选择的对象上就出现若干个小正方形，同时对象高亮显示。这些小正方形称为夹点。

使用夹点功能可以方便地进行移动、旋转、缩放、拉伸等编辑操作，这是非常方便和快捷的编辑对象的方法，应熟练掌握。若要移去夹点，可按“Esc”键。要从夹点选择集中移去指定对象，在选择对象时按下“Shift”键。

二、使用夹点进行编辑

要使用夹点功能编辑对象，需选择一个夹点作为基点，方法是：将十字光标的中心对准夹点单击，此时夹点即成为基点，并且显示为红色小方块。利用夹点进行编辑的模式有“拉伸”、“移动”、“旋转”、“比例”或“镜像”。可以用空格键、“Enter”键或快捷菜单（右击弹出快捷菜单）循环切换这些模式。

第四节 AutoCAD 的基本绘图命令

常用的基本绘图命令均在“绘图”下拉菜单中，如图 7-22 所示，且在“绘图”工具栏中有相应的按钮，如图 7-23 所示。

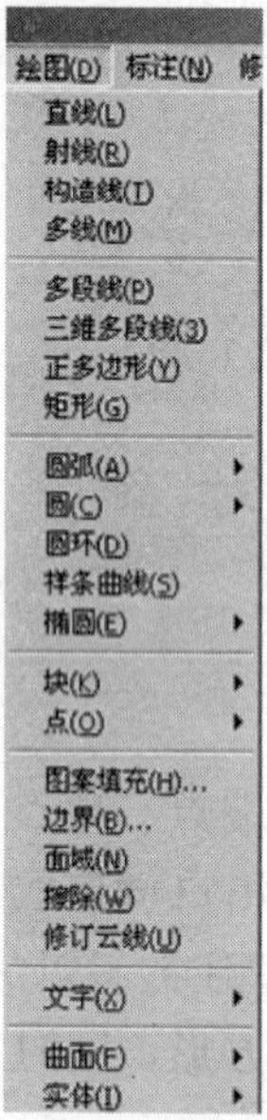

图 7-22 “绘图”下拉菜单

一、基本几何图形的绘制

基本几何图形包括直线、构造线、圆、圆弧、矩形、正多边形、椭圆和椭圆弧。

1. 直线的绘制

执行“直线”命令可生成一条或连续生成首尾相接的多条直线段，即折线。按“Esc”键或“Enter”键或空格键，或单击鼠标右键均可终止执行“直线”命令。

（1）用“直线”命令和“切点捕捉”命令可以绘制两圆的公切线。

（2）用“直线”命令可以绘出定角度并且与已知圆相切的直线。

2. 构造线的绘制

构造线是一种无限长的直线。用此命令可生成水平线、垂直线、指定角度的直线、角平分线和偏移线。

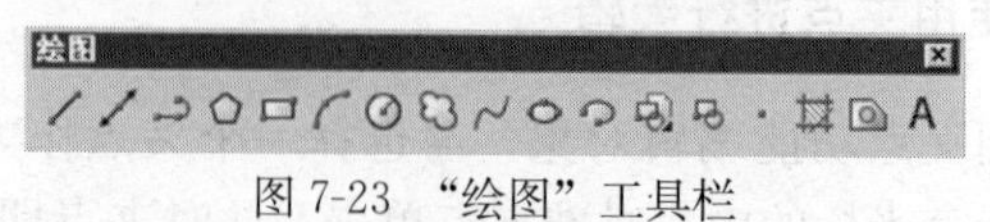

图 7-23 “绘图”工具栏

3. 圆的绘制

圆的绘制有如下六种方法。

（1）圆心、半径。

（2）圆心、直径。

（3）过圆的直径的两个端点画圆，简化为“两点”。

（4）过不在同一直线上的三个点画圆，简化为“三点”。

（5）所绘圆与两个已知对象相切，但需给定圆的半径，简化为“相切、相切、半径”。

（6）所绘圆与三个已知对象相切。这种方法只能通过菜单命令实现，简称为“相切、相切、相切”。

4. 圆弧的绘制

AutoCAD 系统提供了多达 11 种绘制圆弧的方法。如图 7-24 所示为绘制圆弧的菜单命令，使用图标命令与键盘命令绘制圆弧的方法与此大致相同。

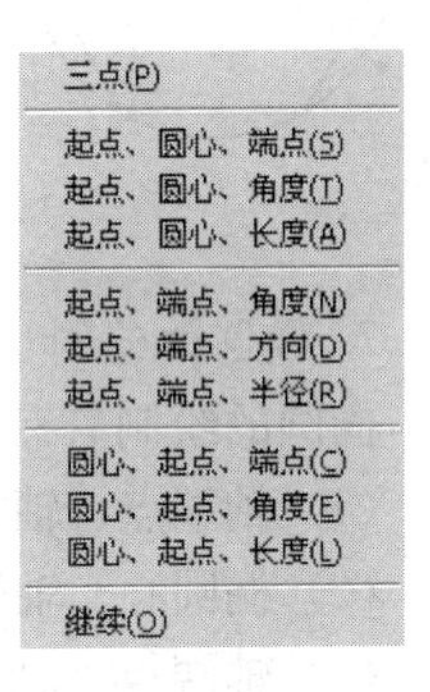

图 7-24　绘制圆弧的菜单命令

5. 矩形的绘制

可以定义矩形两对角点、面积、边长画矩形。用“矩形”命令可以画直角矩形、倒角矩形、圆角矩形、线宽矩形、斜置矩形以及三维空间标高矩形、厚度矩形。各矩形的区别如图 7-25 所示。

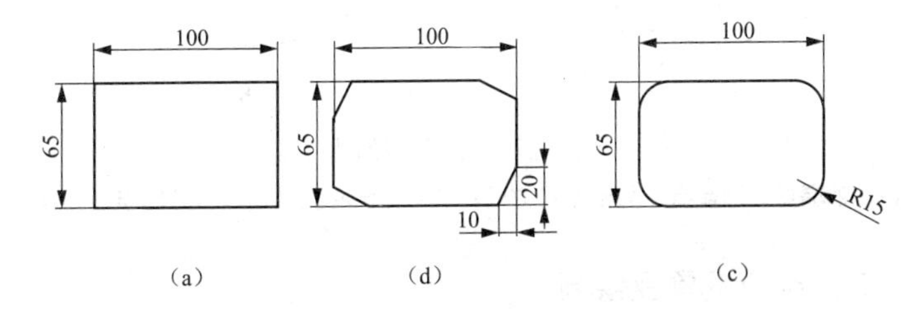

图 7-25　矩形的绘制

（a）直角矩形；（b）倒角矩形；（c）圆角矩形

6. 正多边形的绘制

正多边形边数取值的范围在 3～1024 之间。绘制正多边形有如下三种方式，如图 7-26 所示。

(1) 画外切于圆的正多边形。

(2) 画内接于圆的正多边形。

(3) 已知边长画正多边形。

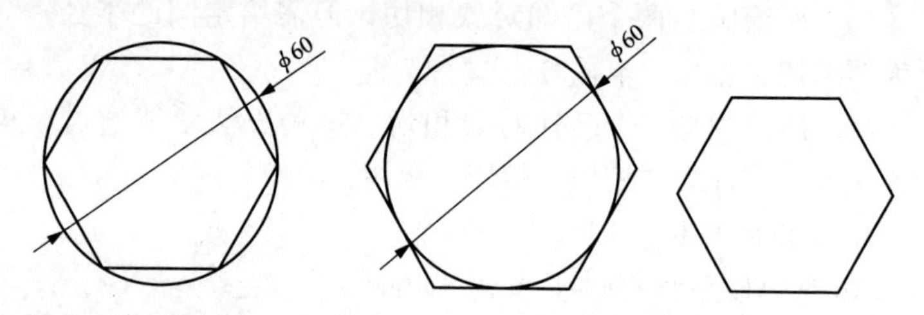

图 7-26　正多边形的绘制

7. 椭圆的绘制

椭圆的绘制有三种方法，如图 7-27 所示。

(1) 轴端点、轴端点、另轴半径方式，如图 7-27 (a) 所示。

(2) 椭圆心、轴端点、另轴半径方式，如图 7-27 (b) 所示。

(3) 轴端点、轴端点、旋转方式。

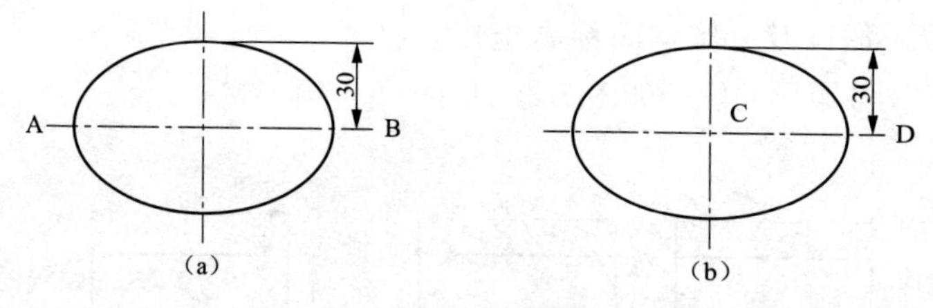

图 7-27　椭圆的绘制

(a) 轴端点、轴端点、另轴半径方式；(b) 椭圆心、轴端点、另轴半径方式

二、点的设置及绘制

在菜单栏中，选择“格式”→“点样式”命令，弹出对话框即可设置点的式样。采用菜单命令方式可以绘制单点、多点、

定数等分点、定距等分点。

三、多段线的设置及绘制

1. 多段线的绘制

多段线是由可变宽度的直线和圆弧相互连接而成的复杂图形对象。这个图形对象是一个独立的图元，即一个整体。

2. 多段线的编辑

（1）可在命令行输入 pedit 命令；

（2）在菜单栏中，选择“修改”→“对象”→“多段线”，输入命令。用“分解（explode）”命令可以将多段线分解成多个图元。

四、样条曲线的设置及编辑

1. 样条曲线的设置

“样条曲线”命令用于绘制不规则的轮廓曲线。

2. 样条曲线的编辑

（1）可在命令行输入 SPLINEDIT 命令；

（2）在菜单栏中，选择“修改”→“对象”→“样条曲线”，输入命令。也可选择样条曲线，直接调整夹点的位置。

五、图案的填充与编辑

1. 图案的填充

操作步骤如下：

（1）执行命令，弹出“图案填充与渐变色”对话框；

（2）选择图案，在图案填充区域选择所需图案及图案角度、比例等；

（3）确定图案填充区域，有“拾取点”和“选择对象”两种方法；

（4）确定图案填充方式，有“普通”、“外部”和“忽略”三种方式；

（5）单击“预览”按钮，观察填充效果，调整“比例”值。单击“确定”按钮，完成填充。

2. 图案的编辑

编辑图案在“图案填充编辑”对话框中进行。输入“hatchedit”命令或利用快捷菜单，或双击图案均可打开此对话框。

第五节　电气专业在CAD的应用及功能

一、AutoCAD设计软件的应用

1. 创建

（1）若土建专业提供条件盘，则以下述方式简化整理借用。

1）各层逐层打开，保留底层至顶层的各层作强、弱电平面布置，基础层作接地，屋面层作防雷布置，其余抹去不用。

2）所用各层简化整理，删去无关内容（土建专用的符号、文字、图形、标准），关闭无用图层。

3）将简化整理好的各层分别重命名为相应“×层”，并存为块，以便备用。

（2）若土建专业未提供条件盘，则以下述方法自作条件使用。

新建→底层柱网尺寸层→以点画线绘水平、垂直各一条正交直线（水平线在左或右端；垂直线在上或下端）。

绘轴线图：“偏移”命令绘出其余各轴线→标注尺寸及轴线标号。

绘出墙体和门窗：用细实线以“多线”命令绘墙线→“偏移”命令绘其余墙线→“多线编辑”命令修剪墙角→“剪切”命令开门、窗洞缺口→“块插入”命令绘门、窗、梯、栏各内容。

2. 绘图

（1）强、弱电系统概略图。以纸稿或腹稿方式构思好系统

方案→调系统图各元件图块（注意尺寸比例）→各元件合为一个图块者还需“打散”→“栅格”定位下放置核心单元→用“偏移”、“旋转”、“镜像”、“矩阵”命令形成方案所属的元件放置→以“粗实线”连接→标注必要的文字、数字和字母符号→存为“文件”。

（2）配电箱接线图。对多线段应用“正交”、“偏移”、“平行线”命令；对“矩形”框应用“复制”命令。制成底表→采用类似上面方式调用图库中“图块”，放置在表中图形部分适当位置→仿上法连线为图（也可充分利用“多重复制”命令）→通过计算选定元器件型号、规格及必要的参数值→逐一填入下方表格及上方图的适当位置→存文件。

3. 布置

（1）强弱电平面。

1）调出底层至顶层的相应层面条件→分别新开不同颜色图层，分别表示强电（又分照明或插座）、弱电（又分闭路、电话、消控、安保等），也可仅分电气和智能化两个图层。

2）放置核心元件（从图库中调出）于方便调用位置→用“复制”、“移动”、“镜像”、“编辑”命令使元件放于各需要布置处→连导线（注意：照明线与开关对应线的根数，弱电线中部断开以备标志性质字符）→标注灯具和线缆及箱的编号、型号、规格及数量等（注意：上、下楼层引入引出位置，数量，线性质的对应及符合规范，以方便施工为原则）。

（2）配电室布置图。建筑专业提交的配电室“土建条件”→用“矩框”工具画出一个标准屏、箱或柜（注意：此图不同于上述图，需严格按比例尺寸绘制），放置于预定准确位置→“阵列”排布→核实尺寸、距离是否符合规范，及线进出方向是否符合要求→用“虚线”工具布置沟、槽、架、洞→用“尺寸标注”命令标出相应尺寸→用“填充”命令填充必要剖面图形→存文件。

4. 说明

（1）设计、施工说明。用 Word 编“说明”→“OLE”插入→调整比例、大小放置在图中恰当位置（也可将图例、图样目录一并考虑）。

（2）材料表。用类似配电箱接线图方法制成“底表”（注意：表格的行列数要与表达内容的多少吻合）→填入图库中图形符号（必须与所用符号一致）→将文字、字母、数字填入表格（充分运用“复制”“粘贴”可大大减少工作量）。

（3）图框。根据图形繁简及大小合理选择图幅（要考虑计算机打印条件，不复杂的图可用加长处理）→作成块或文件→将上述各图的文件“装入”图框中（注意：放置位置要留有适当空白）。

5. 出图

（1）组合存盘。将上述各图分别编写图号→逐个调出，整齐排列（先将一张图打开，放适当位置，利用“缩小”命令缩小后，将其余图利用“插入”命令置于其左、右、上、下，再利用“平移”命令排列成矩阵→将此各图集总命名为一个“文件”→压缩、存盘后供使用。

（2）打印成图。进行打印设置时要考虑尺寸、比例等→一般出黑白的图，将各彩色笔统一换成“7”号（黑笔）且注意线型的选定→用窗口框选图形→打印出图。

（3）扩充图库。

1）将此图新建的图形符号“插入”到标准图库中，以便今后使用。

2）如某套图典型，易于扩充变化，可作为样板存入。此后作其他工程时，从此样板图开始更改，更为快捷。

二、电气专业 AutoCAD 设计软件的功能

1. 共有功能

（1）图形系统即通用绘图软件包，是整个系统的支撑平台。

（2）数据库分为几何数据库和非几何数据库两部分。前者即电气图形库，包括建筑电气设计中各种电气图形符号及文字

标注符号。后者存放各种计算表、参数表及文字信息。

（3）应用程序库，由设计计算程序和绘图程序组成。

（4）人机接口，是人与软件包联系的纽带，即菜单。

2. 基本内容

（1）系统图生成高、低压主接线图，高、低压柜订货图，动力、照明及弱电系统图，配电箱接线图等。

（2）原理图生成一次、二次及控制、监测各种电气原理图。

（3）平面图在建筑平面条件图的基础上完成各层面动力、照明和供电（含综合布线）平面布置及走线图，屋顶防雷及基础接地平面图。

（4）变、配电所图在建筑条件基础上完成变配电所平剖面布置，屏、箱、柜布局，变压器及设备布置和缆沟、桥架、孔洞细部图。

（5）设计计算完成设计过程负荷及短路、线缆选择校验、设备参数及选型等计算工作。

（6）图样外框用以在无完整建筑条件时，形成标准图框及标题、会签、图幅分区等内容。

3. 专业优势

电气专业 AutoCAD 设计软件相对于通用软件更加具有操作优势，条件许可时尽量用专业软件。专业优势具体体现在以下方面。

（1）简便、快速。专业软件是在通用软件基础上发展起来的。主要着眼于方便设计、简化过程，自然大大提高了设计速度。

（2）表格功能强。所带的表格，填写方便，且具有自统计功能，往往自动生成一些所需的数据或其他表格。

（3）更为可靠。不少计算自动进行的同时，自作校验。关键参数计算快、准确及可靠。

（4）标准、美观。图形尺寸、大小得当，往往不必再缩小或放大。圆弧能过渡地处理，更为标准；整个图样更为美观。

参 考 文 献

[1] 中国建筑标准设计研究院，等. GB/T 50786—2012 建筑电气制图标准 [S]. 北京：中国建筑工业出版社，2012.
[2] 人民共和国住房和城乡建设部、中华人民共和国国家质量监督检验检疫总局. GB/T 50103—2010 总图制图标准 [S]. 北京：中国建筑工业出版社，2011.
[3] 人民共和国住房和城乡建设部、中华人民共和国国家质量监督检验检疫总局. GB/T 50001—2010 房屋建筑制图统一标准 [S]. 北京：中国建筑工业出版社，2011.
[4] 人民共和国住房和城乡建设部、中华人民共和国国家质量监督检验检疫总局. GB/T 50104—2010 建筑制图标准 [S]. 北京：中国建筑工业出版社，2011.
[5] 何利民. 怎样阅读电气工程图. 2 版. [M]. 北京：中国建筑工业出版社，2000.
[6] 杨光臣. 建筑电气工程图识读与绘制 [M]. 北京：中国建筑工业出版社，2001.
[7] 夏国明. 建筑电气工程图识读 [M]. 北京：机械工业出版社，2010.
[8] 郭爱云. 建筑电气工程施工图 [M]. 武汉：华中科技大学出版社，2011.
[9] 张树臣，建筑电气施工图识读 [M]. 北京：中国电力出版社，2010.
[10] 朱栋华，建筑电气工程图识读方法与实例 [M]. 北京：中国水利水电出版社，2005.
[11] 万瑞达. 建筑电气工程施工图识图 [M]. 北京：中国建材工业出版社，2011.
[12] 宋兆全. 画法几何及工程制图 [M]. 2 版. 北京：中国铁道出版社，2003.
[13] 张新来. 工程制图 [M]. 2 版. 北京：中国铁道出版社，1997.